人工智能前沿技术丛书

总主编 | 焦李成

ChatGPT

简明教程

焦李成 刘 旭 赵嘉璇 杨育婷
邵奕霖 何文鑫 黄钟健 徐 巍 编著

U0379326

 西安电子科技大学出版社
http://www.xduph.com

内 容 简 介

作为通用人工智能的重要进展，ChatGPT 的出现引起了学术界和产业界人士的广泛关注。本书系统地论述了 ChatGPT 的发展历程、核心技术和基本原理等内容。全书共 15 章。第 1 章介绍了 ChatGPT 的前世今生；第 2~6 章论述了 ChatGPT 相关的基础理论与发展应用；第 7~10 章论述了 ChatGPT 的核心技术，包括 Transformer、基于人类反馈的强化学习、提示学习以及模型学习与优化；第 11 章和第 12 章论述了 ChatGPT 的重要应用场景；第 13~15 章论述了以 ChatGPT 为代表的通用大模型范式面临的挑战和对各行业领域的影响，并对下一代人工智能重大场景战略进行了了解读。

本书内容新颖，通俗易懂，适合作为人工智能、智能科学与技术、计算机科学与技术、智能机器人技术、控制科学与工程、物联网工程等专业本科生及研究生的通识教材，也可供相关科研人员、政府工作人员参考学习。

图书在版编目(CIP)数据

ChatGPT 简明教程/焦李成等编著. —西安：西安电子科技大学出版社，2023.7
ISBN 978 - 7 - 5606 - 6935 - 9

Ⅰ. ① C… Ⅱ. ① 焦… Ⅲ. ① 人工智能—教材 Ⅳ. ① TP18

中国国家版本馆 CIP 数据核字(2023)第 108913 号

策　　划　刘芳芳
责任编辑　雷鸿俊　张　玮　宁晓蓉
出版发行　西安电子科技大学出版社(西安市太白南路 2 号)
电　　话　(029)88202421　88201467　　邮　编　710071
网　　址　www.xduph.com　　　　电子邮箱　xdupfxb001@163.com
经　　销　新华书店
印刷单位　陕西天意印务有限责任公司
版　　次　2023 年 7 月第 1 版　2023 年 7 月第 1 次印刷
开　　本　787 毫米×960 毫米　1/16　印 张 14　彩插 4
字　　数　274 千字
印　　数　1~3000 册
定　　价　39.00 元

ISBN 978 - 7 - 5606 - 6935 - 9/TP

XDUP 7237001 - 1

＊＊＊如有印装问题可调换＊＊＊

前三次工业革命使人类社会进入空前繁荣的时代，在人类历史上留下了浓墨重彩的篇章。随着第四次工业革命的到来，特别是在人工智能浪潮的推动下，以 ChatGPT 为代表的人工智能技术掀起了一股 AI 热潮，它引领人类社会进入百年不遇的革命性 AI 时代。ChatGPT 作为一种强大的语言模型，具有模仿人类思维和理解人类语言的能力，可以更好地进行信息检索和文本生成。它的出现为众多领域带来新的机遇与挑战，可能在世界范围内对人们的工作、生活产生深远影响。

本书将带领读者走近 ChatGPT，解密其技术原理，结合实际应用场景与国家指导政策，对 ChatGPT 进行全方位、多层次的剖析。本书内容全面，共包括 15 章。第 1 章对 ChatGPT 进行概述，主要介绍了 ChatGPT 的发展脉络、使用说明、优缺点等。第 2、3 章围绕自然语言处理的主要研究任务以及 ChatGPT 的深度学习基础理论展开讲解。第 4 章结合大规模预训练模型的理论知识和发展脉络，详细对 GPT 系列大模型进行论述。第 5 章围绕目前国内外经典和先进的基于 Transformer 的视觉或多模态的基础大模型，对相关技术原理、模型特点以及应用场景逐一进行介绍。第 6 章对扩散深度网络模型的发展与原理进行阐述，并对其改进方法进行概括。第 7～10 章对 ChatGPT 的四大核心技术——Transformer、基于人类反馈的强化学习、提示学习以及模型学习与优化进行精细入微的剖析和讲解，在此基础上，也对这些核心技术的最新进展和发展趋势进行解读。第 11、12 章从生活、工作、科研、创作以及教育等多个角度介绍 ChatGPT 在不同场景下的应用，展示 ChatGPT 在各应用领域的巨大潜力。第 13、14 章对 ChatGPT 面临的挑战和风险进行多方位的总结和论述，并分别从社会、教育、商业、企业、产业和就业等层面介绍了 ChatGPT 对社会变革与产业发展的影响。第 15 章结合国家针对人工智能发展发布的相关政策，为相关从业人员提供指导与参考。本书具有的主要特点如下：

（1）深入浅出，通俗易懂，可读性强。本书避免使用过于复杂的数学公式和技术术语，方便读者快速理解相关概念和应用技巧。同时，本书结合自然语言处理中的大型语言模型的基本概念、模型结构等多个方面的内容，剖析了从模型预训练到微调再到应用的全过程，针对 ChatGPT 的核心技术展开细致入微的论述。此外，本书还对国内外先进的视觉和多模态大模型进行了总结和分析，增强了本书的可读性。

（2）注重理论与实践结合。本书提供的实际应用案例，涵盖了文本生成、问答系统、语言翻译、文本分类等多个领域，可以帮助读者更深入地理解 ChatGPT 模型的实现和应用。此外，本书也提供了大量 ChatGPT 应用的使用技巧和注意事项，可以帮助读者更好地了解和使用 ChatGPT，在培养读者的创新能力与实践能力的同时，进一步激发读者的研究兴趣。

（3）既突出核心技术，又与重大场景结合。本书系统且全面地介绍了以 ChatGPT 为代表的大模型知识体系，帮助读者掌握大模型在实践中的应用。在此基础上，本书与时代紧密结合，对国家《可解释、可通用的下一代人工智能方法》《"机器人＋"应用行动实施方案》等政策文件进行梳理，对下一代人工智能重大应用场景进行深入分析，进而明确未来发展方向。

（4）具有前沿性和新颖性，充分反映 AI 领域的最新进展。本书围绕 ChatGPT 及其相关技术的前沿进展进行阐述，不仅对大型语言模型的原理和技术进行了详尽的介绍和分析，还提供了许多实用的应用案例，可以帮助读者快速掌握大模型技术，具有很强的实用性、可操作性及趣味性。此外，本书对通用大模型范式面临的挑战、ChatGPT 带来的社会变革与产业发展影响进行了讨论，对现有大模型发展存在的挑战和难点进行了分析，希望带给相关从业者一定的启发。

本书依托西安电子科技大学人工智能学院、人工智能研究院、计算机科学与技术学部、智能感知与图像理解教育部重点实验室、智能感知与计算国际合作联合实验室、智能感知与计算国际联合研究中心完成。本书的出版离不开团队老师及各单位领导的支持与帮助，感谢团队中刘芳、侯彪、杨淑媛、刘静、公茂果、王爽、马文萍、张向荣、李卫斌、缑水平、李阳阳、尚荣华、王晗丁、刘若辰、白静、冯婕、田小林、慕彩虹等教授，马晶晶、唐旭、冯志玺、李玲玲、任博、陈璞花、张梦璇、丁静怡、郭雨薇、毛莎莎、权豆等副教授，以及张丹、黄思婧老师等对本书编写工作的关心和支持。

在本书出版之际，特别要感谢中国人工智能学会、西安电子科技大学以及人工智能学院领导的支持与关怀。同时，感谢国家自然科学基金及国家重点研发计划项目、高等学校"双一流"建设项目等的基金支持，感谢西安电子科技大学"西电学术库"资金的大力支持。衷心感谢西安电子科技大学出版社社长胡方明教授、副总编毛红兵老师、副社长高文岳老师以及策划编辑刘芳芳老师的辛勤劳动与付出。最后，感谢书中所有被引用的参考文献作者。

自 20 世纪 90 年代以来，作者团队先后出版了《现代神经网络教程》《简明人工智能》《深度学习、优化与识别》《智能机器人导论》《深度学习基础理论与核心算法》等书籍，同时依托于实验室资源，搭建了多个深度学习应用平台，在深度学习理论、应用及实现等方面取得了突破性的进展。本书是在已有知识的基础上对 ChatGPT 的发展现状、技术原理以及相关政策支持进行的全方位、多层次梳理。

  本书取材以及内容安排基于编者的偏好，由于编者水平有限，书中可能存在一些不足之处，恳请广大读者批评指正。

编 者

2023 年 4 月

于西安电子科技大学

目录 CONTENTS

第1章　ChatGPT的前世今生

ChatGPT 是由 OpenAI 于 2022 年 11 月发布的一个基于大语言模型的人工智能聊天机器人。它以海量互联网数据和资源作为数据集，依靠强大的算力支持并通过"人类干预"的训练过程来增强机器学习的效果，使自己具有强大的语言生成能力。它能生成"类人"的回答，具有回答用户问题、进行多轮对话、承认错误、提出异议、拒绝不恰当请求等特点。ChatGPT 一经推出就成为全球热议话题，让大众见识到了 AI 的力量。本章主要对 ChatGPT 进行简单的介绍，使读者更快捷地了解 ChatGPT 的相关背景，并学习如何与 ChatGPT 交流；此外，本章还探讨了 ChatGPT 在不同应用场景下的优势与挑战。

1.1　什么是 ChatGPT

ChatGPT 全称为聊天生成式预训练 Transformer（Chat Generative Pre-trained Transformer）模型，是由 OpenAI 公司于 2022 年 11 月推出的人工智能聊天机器人程序。ChatGPT 以文字的形式与用户交互，除能与使用者进行简单的对话外，它还可以用于复杂的工作，包括自动文本生成、机器翻译、语言润色、自动摘要、自动纠错等。例如：在自动文本生成方面，ChatGPT 可以根据输入的文本自动生成指定主题的文本，如撰写技术博客、创作短剧、用鲁迅的口吻写报告等。此外，ChatGPT 也具有编写、解读和调试计算机程序的能力，这是 ChatGPT 的一大亮点。ChatGPT 操作简单，只需在对话框中输入问题，就可以获得答案。譬如，用户输入"用 Python 实现冒泡排序"，就可得到对应的 Python 程序，如图 1.1 所示。

同时，ChatGPT 具有自我纠错的功能，它也会在聊天的过程中更正之前犯过的错误，质疑不合逻辑的提问甚至拒绝回答，如图 1.2 所示，当用户提问"陕西有什么著名美食"时，可看出 ChatGPT 的回答中存在错误信息"榨菜肉丝米线"；然后用户再次输入"榨菜肉丝米线不是陕西美食"，ChatGPT 会对回答进行改进，并给出正确的信息。

ChatGPT 还可写出"类人"的文章，并在许多知识领域给出详细和清晰的答案，因此它一经推出，便迅速获得全球的关注。不过，尽管 ChatGPT 具有强大的功能，但它仍存在一些"缺点"，比如当你问："ChatGPT 有什么缺点？"时，它给出的回答是："对上下文理解有限，缺乏常识，训练数据有偏见，以及存在被滥用的可能性。"目前已有学者提出，大型模

1

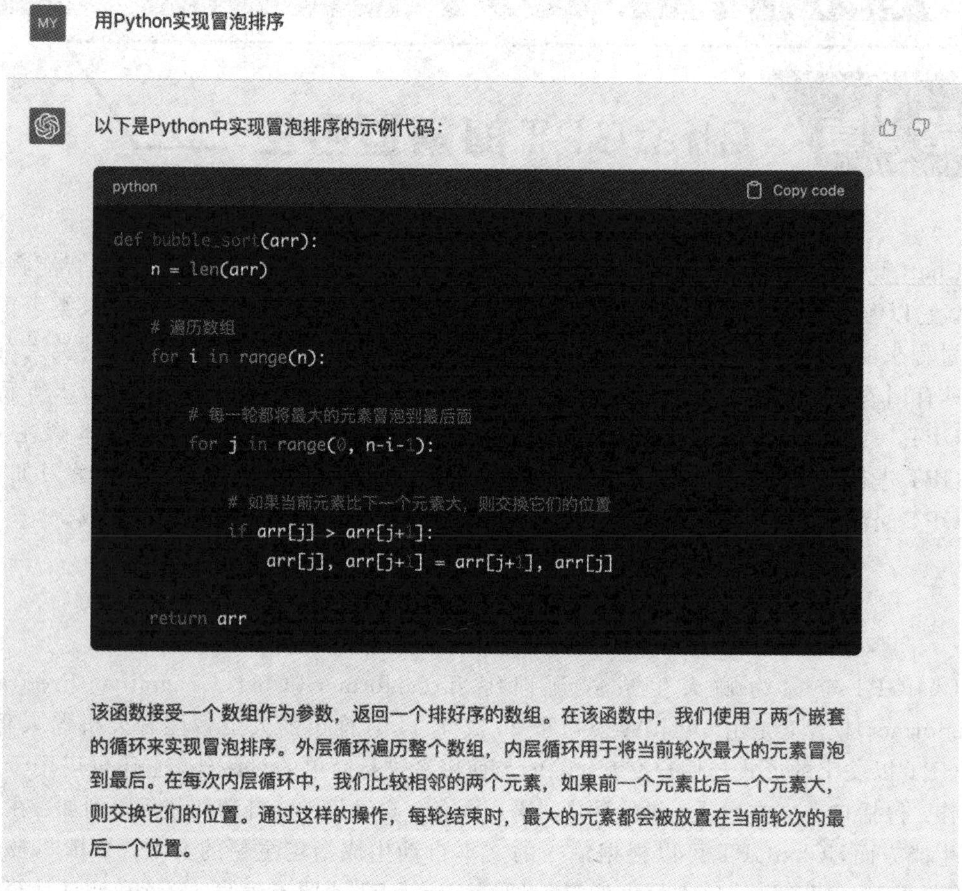

MY 用Python实现冒泡排序

以下是Python中实现冒泡排序的示例代码：

```python
def bubble_sort(arr):
    n = len(arr)

    # 遍历数组
    for i in range(n):

        # 每一轮都将最大的元素冒泡到最后面
        for j in range(0, n-i-1):

            # 如果当前元素比下一个元素大，则交换它们的位置
            if arr[j] > arr[j+1]:
                arr[j], arr[j+1] = arr[j+1], arr[j]

    return arr
```

该函数接受一个数组作为参数，返回一个排好序的数组。在该函数中，我们使用了两个嵌套的循环来实现冒泡排序。外层循环遍历整个数组，内层循环用于将当前轮次最大的元素冒泡到最后。在每次内层循环中，我们比较相邻的两个元素，如果前一个元素比后一个元素大，则交换它们的位置。通过这样的操作，每轮结束时，最大的元素都会被放置在当前轮次的最后一个位置。

图 1.1　ChatGPT 生成代码的示例

型很容易产生错误和误导性信息，产生"有害"内容。此外，人们也担心人工智能聊天机器人会从训练数据中学习并被嵌入关于世界的历史偏见或想法。鉴于 ChatGPT 的强大能力，ChatGPT 的安全与道德问题目前仍是讨论的热点，尤其是在教育和学术领域。

有学者拿 ChatGPT 写论文摘要、改论文。而 *Nature* 为此专门颁布禁令：ChatGPT 不能当论文作者；*Science* 则直接禁止使用 ChatGPT 生成的文本来投稿；牛津大学、剑桥大学、香港大学等高校宣布禁止将该项技术用于学术型工作。

ChatGPT 也被用于辅助学生完成课程作业。据 Forbes 报道，由 ChatGPT 代写作业，已经成为美国大学的一种常见现象。在线课程供应商 Study.com 面向全球 1000 名 18 岁以上学生的一项调查显示，每 10 个学生中就有超过 9 个知道 ChatGPT，超过 89％的学生用 ChatGPT 完成家庭作业，48％的学生用 ChatGPT 完成小测验，53％的学生用 ChatGPT 写论文，22％的

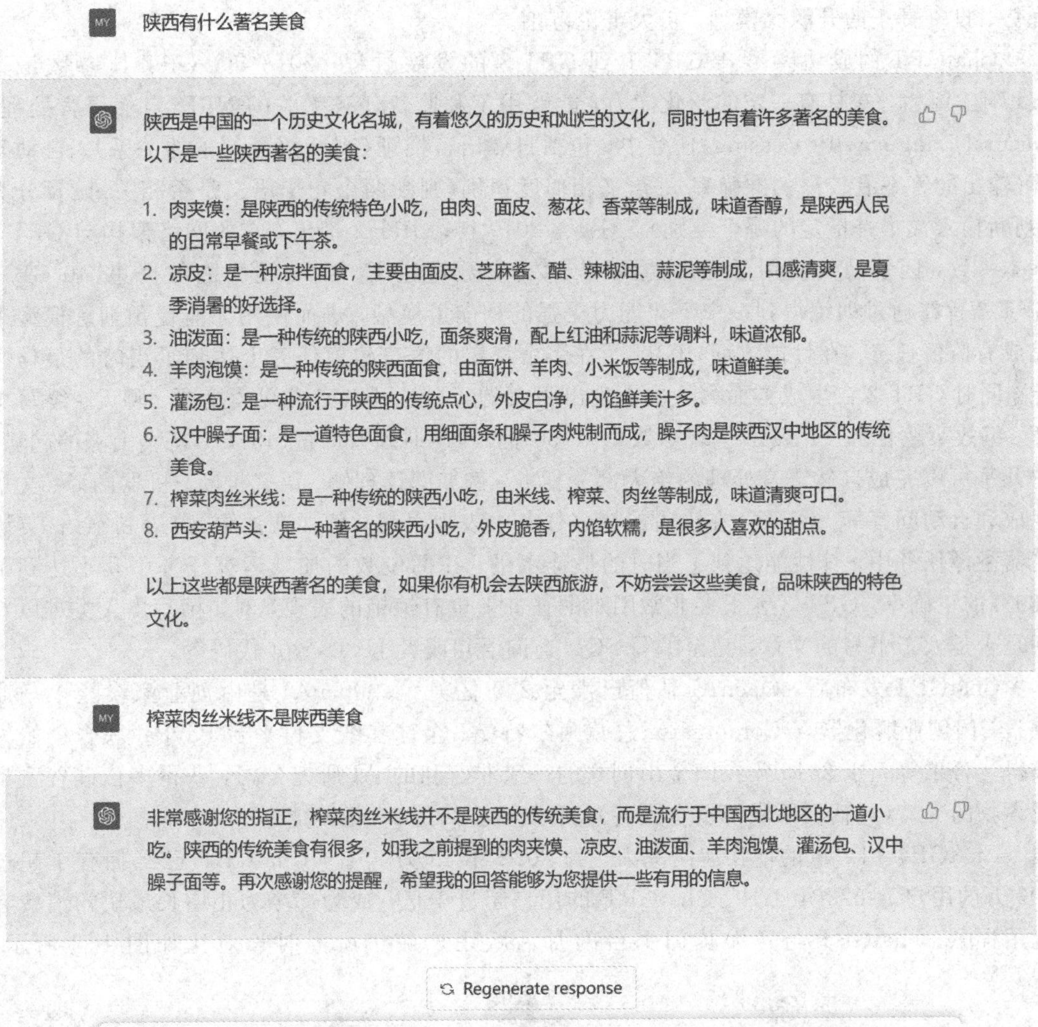

MY　陕西有什么著名美食

陕西是中国的一个历史文化名城，有着悠久的历史和灿烂的文化，同时也有着许多著名的美食。 👍 👎
以下是一些陕西著名的美食：

1. 肉夹馍：是陕西的传统特色小吃，由肉、面皮、葱花、香菜等制成，味道香醇，是陕西人民
   的日常早餐或下午茶。
2. 凉皮：是一种凉拌面食，主要由面皮、芝麻酱、醋、辣椒油、蒜泥等制成，口感清爽，是夏
   季消暑的好选择。
3. 油泼面：是一种传统的陕西小吃，面条爽滑，配上红油和蒜泥等调料，味道浓郁。
4. 羊肉泡馍：是一种传统的陕西面食，由面饼、羊肉、小米饭等制成，味道鲜美。
5. 灌汤包：是一种流行于陕西的传统点心，外皮白净，内馅鲜美汁多。
6. 汉中臊子面：是一道特色面食，用细面条和臊子肉炖制而成，臊子肉是陕西汉中地区的传统
   美食。
7. 榨菜肉丝米线：是一种传统的陕西小吃，由米线、榨菜、肉丝等制成，味道清爽可口。
8. 西安葫芦头：是一种著名的陕西小吃，外皮脆香，内馅软糯，是很多人喜欢的甜点。

以上这些都是陕西著名的美食，如果你有机会去陕西旅游，不妨尝尝这些美食，品味陕西的特色
文化。

MY　榨菜肉丝米线不是陕西美食

非常感谢您的指正，榨菜肉丝米线并不是陕西的传统美食，而是流行于中国西北地区的一道小 👍 👎
吃。陕西的传统美食有很多，如我之前提到的肉夹馍、凉皮、油泼面、羊肉泡馍、灌汤包、汉中
臊子面等。再次感谢您的提醒，希望我的回答能够为您提供一些有用的信息。

↻ Regenerate response

图 1.2　ChatGPT 自我纠错的示例

学生用 ChatGPT 生成论文大纲。

　　此外，ChatGPT 在某些考试中也展示出了惊人的能力。宾夕法尼亚大学沃顿商学院教
授 Christian Terwiesch 发表了一篇名为《聊天工具 ChatGPT 会获得沃顿商学院的 MBA
吗?》的文章，介绍在一节核心课程的考试中测试 ChatGPT，结果发现 ChatGPT 获得了一
个介于 B 和 B－之间的稳定分数，其得分超过了课程中的大多数学生。

　　因此，关于 ChatGPT 对科学和社会的影响一直是讨论的热点话题，研究界就这种潜在

的颠覆性技术的影响从 5 个方面进行讨论，包括坚持人工验证、制定问责规则、拥抱 AI 的优势、投资真正的开源大模型、扩大辩论范围。

ChatGPT 的成功离不开 GPT-1 到 GPT-3 的发展过程。2018 年，GPT-1（参数量达 1.17 亿）诞生，它具有一定的泛化能力，能够用于和监督任务无关的 NLP（自然语言处理，Natural Language Processing）任务中，包括自然语言推理（判断两个句子的关系）、自动问答（输出的答案有较高的准确率）、语义相似度识别（判断两个句子语义是否相关）以及分类（判断输入文本是指定的哪个类别）等任务。2019 年，GPT-2 推出，它的网络架构与 GPT-1 基本一致，区别是其使用了更多的网络参数（参数量达 15 亿）与更大的数据集（40 GB）。GPT-2 旨在通过训练得到一个泛化能力更强的词向量模型，进而使用无监督预训练模型来完成有监督任务。在性能方面，GPT-2 在多个特定的语言建模任务上达到了当时的最佳性能。同时 GPT-2 在生成方面第一次表现出强大的天赋，可以完成阅读摘要、聊天、续写文章、编故事等任务。GPT-3 呈现参数量（1750 亿）和预训练数据量（45 TB）持续上涨的趋势，它几乎可以完成自然语言处理的绝大部分任务，例如阅读理解、语义推断、机器翻译、文章生成和自动问答等。GPT-3 在当时的诸多任务中表现卓越，例如在法语-英语和德语-英语机器翻译任务中，其性能达到了当时的最佳水平，在两位数的加减运算任务中几乎达到了 100% 的正确率。GPT-3 在很多非常困难的任务上也有惊艳的表现，例如撰写出人类难以判别是否是人工书写的文章，甚至编写 SQL 查询语句或者 JavaScript 代码等。

ChatGPT 发布后，OpenAI 估值已涨至 290 亿美元。OpenAI 是由创业家埃隆·马斯克、美国创业孵化器 Y Combinator 总裁阿尔特曼、全球在线支付平台 PayPal 联合创始人彼得·蒂尔等人于 2015 年在旧金山创立的一家非营利的 AI 研究公司，获得多位硅谷重量级人物的支持（包括但不限于资金支持），启动资金高达 10 亿美金。

ChatGPT 用户量的增长速度惊人。到 2022 年 12 月 4 日，ChatGPT 已经拥有了超过 100 万的用户。2023 年 1 月，ChatGPT 的用户超过 1 亿，成为迄今为止增长最快的消费者应用程序。ChatGPT 与各大热门平台的月活跃用户破亿所需时长对比如图 1.3 所示。

图 1.3　ChatGPT 对比各大热门平台月活跃用户数破亿所需时长

ChatGPT 最初向公众免费推出。2023 年 2 月，OpenAI 开始提供 ChatGPT Plus 高级服务，接受美国客户注册，每月收费 20 美元。ChatGPT 的发展历程如图 1.4 所示。

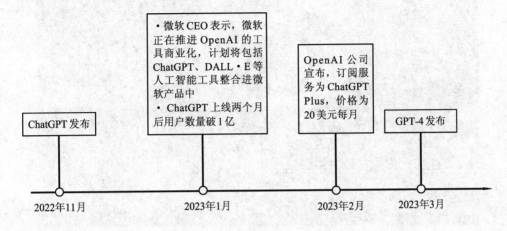

图 1.4 ChatGPT 的发展历程

1.2 从波士顿动力机器人到 ChatGPT

　　随着工业化的发展，智能机器人被迅速应用于多个行业。智能机器人不仅为先进制造业的发展提供了关键支撑，也为人类的生活提供了更多的便利。在当今世界，智能机器人产业逐渐成为衡量一个国家技术创新和高端制造水平的标准，它的发展越来越受到世界各国的关注。大多数机器人开发的基础都是模仿生物智能。生物智能使生物体具有不同的特征，表现出适应极端或不断变化的环境的能力。自然中的生物通常为人工智能和智能制造提供创造力源泉。据此，自 20 世纪 50 年代起，科学家们开始探索如何让机器人具备人类的智能。经过多年的研究和实践，机器人的智能水平逐步提高。其中，波士顿动力机器人和 ChatGPT，分别是硬件类机器人和软件类机器人的发展里程碑，它们的水平可以反映智能机器人的发展水平。

　　波士顿动力机器人是一类仿生机器人，它最早由美国麻省理工学院开发，是最早被广泛认知和应用的智能机器人之一。波士顿动力机器人等硬件类机器人主要通过机械臂、传感器、控制器等硬件设备来实现物理运动和交互，能够在现实环境中完成各种任务。随着过去 40 年的发展，波士顿动力机器人的外观和动作都非常接近人类，具有视觉识别和运动控制等功能。人形机器人 Atlas 作为波士顿动力机器人的代表之一，可以进行动态行走、跑步、跳跃等任务，该机器人的一个运动场景如图 1.5 所示。这种机器人在工业、医疗、军事等领域都有广泛的应用。然而由于技术限制和高昂的成本，波士顿动力机器人很难得到大规模应用，主要被用于一些特定领域，比如医院、实验室和战场等。

图 1.5　波士顿动力机器人 Atlas

ChatGPT 等软件类机器人主要通过自然语言处理技术和机器学习算法来实现与人类的语言交流，能够模拟人类的对话，进行问答、文本生成等操作。ChatGPT 采用了深度学习技术，通过预训练和微调等方法不断优化模型，使其在语言理解和文本生成方面的性能得到了显著提升。GPT 的研发工作始于 2018 年，经过多年的发展，其模型不断迭代和优化，最新推出的 ChatGPT 和 GPT-4 已经成为当今最先进的自然语言处理模型之一。

从最早的波士顿动力机器人到最近的 ChatGPT，智能机器人的发展经历了不断的技术突破和应用拓展，可以看出智能机器人在不断进步和应用的过程中，呈现出多样化和分层化的趋势。相较于波士顿动力机器人，ChatGPT 虽具有一定的推理能力，但缺乏环境感知、认知以及推理、决策的能力；同时，波士顿动力机器人缺乏 ChatGPT 具有的海量知识存储的特点。

因此，智能机器人未来的发展除以大模型（包括视觉感知、态势感知、智能推理决策与运动感知的大模型）迭代和优化为基础外，同时还需要针对具体问题和场景进行 3D 建模。未来，随着技术的不断提升和成本的不断降低，智能机器人有望在更多的领域发挥重要作用，并为人类创造出更多的价值。

1.3　ChatGPT 的使用说明

ChatGPT 是一个开放域的语言模型，可以讨论各种主题，从日常对话到技术问题，从娱乐到学术知识，从历史典故到科幻作品，等等。用户可以向 ChatGPT 提出问题、请求建议、寻求解决方案，或者只是进行闲聊和探讨。本节围绕 ChatGPT 的注册、使用以及如何与 ChatGPT 交流三个部分展开介绍。

1.3.1　ChatGPT 的注册

使用 ChatGPT 前需要先注册账号，ChatGPT 的账号注册步骤如下：

（1）打开 OpenAI 的官网（https://openai.com/），单击右上角的"Sign up"图标，进入注册界面。

（2）在注册页面中输入邮箱地址（用户名）和密码，然后单击"Sign up"按钮，则可显示如图 1.6 所示的邮箱验证界面。

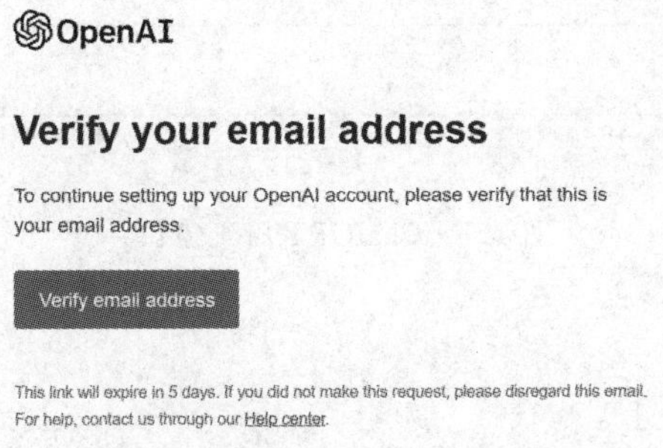

图 1.6　邮箱验证界面

（3）打开验证邮箱中 OpenAI 发送的验证邮件，单击邮件中的链接，激活账号。

（4）在激活账号后，用户就可以使用注册的邮箱和密码来登录 OpenAI 官网。

（5）验证成功之后会自动跳转回注册页面，用户可选择完善个人信息，填写用户信息及验证手机号（目前 ChatGPT 只针对海外用户开放，国内手机号无法完成后续注册流程）。

1.3.2　ChatGPT 的使用

注册成功后，要使用 ChatGPT，需要按照以下步骤进行操作：

（1）打开 ChatGPT 的官网（https://chatgpt.com/），单击"Start chatting"按钮，弹出如图 1.7 所示的聊天窗口。

（2）在聊天窗口右下角的输入框中输入问题，然后单击右侧的类似飞机的发送按钮。

（3）ChatGPT 会根据输入的问题生成适当的回复内容，并在"ChatGPT"的聊天框中显示出来，如图 1.8 所示。

（4）用户可以根据 ChatGPT 的回复内容继续输入新的话题，并继续与 ChatGPT 进行聊天。

（5）当用户想要结束聊天时，可直接退出聊天界面。

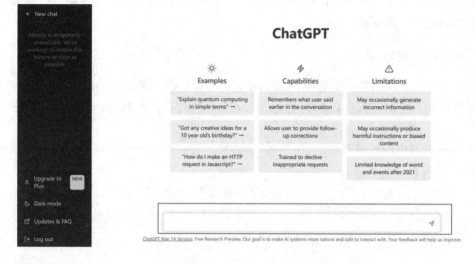

图 1.7　ChatGPT 聊天窗口

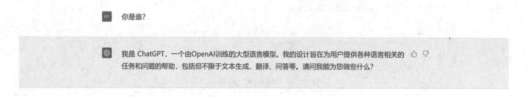

图 1.8　ChatGPT 聊天界面

1.3.3　如何与 ChatGPT 交流

ChatGPT 是基于提示学习技术进行回复输出的，提示学习技术为模型提供具体的指令。这种技术可以确保输出内容与输入内容具有相关性，问题回复质量高。一个提示通常会由以下几种不同的元素构成：

（1）指令：希望模型执行的具体任务或指示。

（2）背景：补充的外部或上下文信息，可以引导模型作出更好的回应。通常情况下，上下文与用户要执行的任务越具体、相关度越高，问题解答效果就越好。

（3）输入数据：想要解决的问题。

（4）输出指示：输出的类型或格式，如"分类""总结""翻译""排序"等。

通常情况下，由于"提示"是一个迭代的过程，因此，用户若想要询问复杂问题，应该先从简单的提示开始，然后不断添加更多元素和上下文，以获得更好的提问效果。一般而言，提示越详细，结果就越好。同时，可以使用不同的关键字、上下文和数据，尝试不同的指令，看看哪条指令最适合用户的特定需求和任务。在设计提示时，用户还应该牢记提示的长度是有限制的，一般不要超过 500 字。

接下来介绍一些简单示例，说明如何使用提示来执行不同类型的任务。

1．文本摘要

文本摘要任务是指对给定的单个或者多个文本进行概括，即在保证能够反映原文档重要内容的前提下，尽可能简明扼要地概括文本。

提示词应该包括需要分析的文档以及文本摘要的任务说明，如"请用一句话概括上面的话"，如此用户即可获得对应的回答。ChatGPT 文本摘要任务示例如图 1.9 所示。

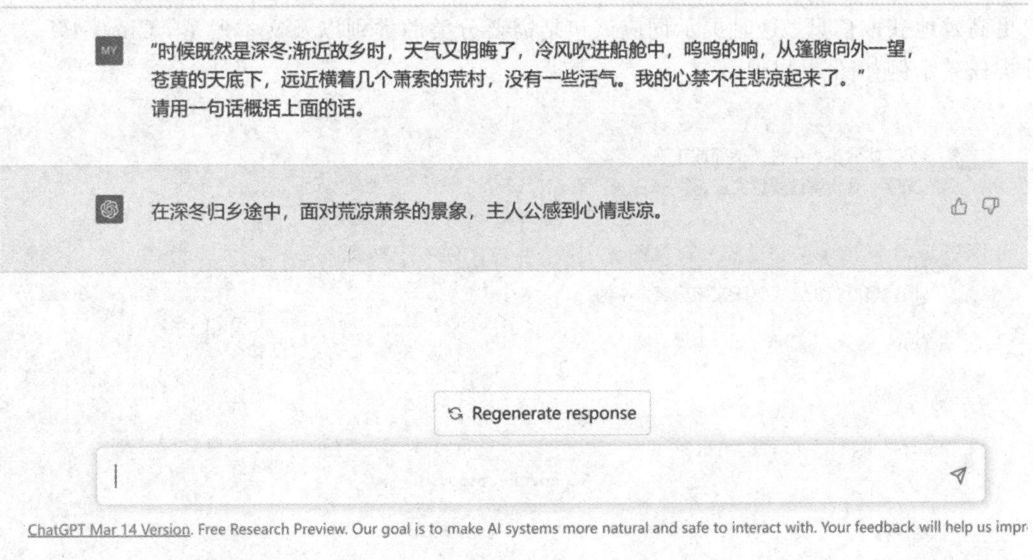

图 1.9　ChatGPT 文本摘要任务示例

2. 信息提取

信息提取是指从自然语言文本中抽取出特定的事件或事实信息，将海量内容自动分类、提取和重构。信息提取可以帮助用户抽取感兴趣的事实信息。

提示词应该包括文本段落以及具体任务，其示例如图1.10所示。

图1.10　ChatGPT信息提取任务示例

3. 文本分类

文本分类是指对文本按照一定的分类体系或标准进行自动分类标记。该功能可帮助用户更高效地获取信息。这时提示词应该包括需要分类的类别以及文本段落，ChatGPT文本分类任务示例如图1.11所示。

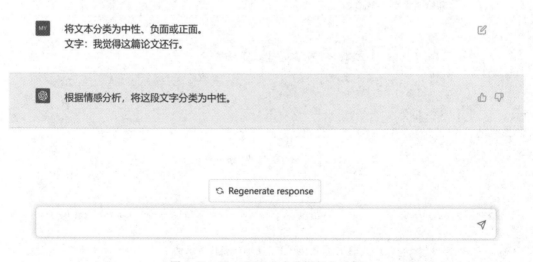

图1.11　ChatGPT文本分类任务示例

4. 代码生成

用户可以使用提示执行大量代码生成的任务。通常情况下，提示词包括代码程序描述（包括输入和输出描述）以及实现语言的模式（如 C＋＋），ChatGPT 代码生成任务示例如图1.12 所示。

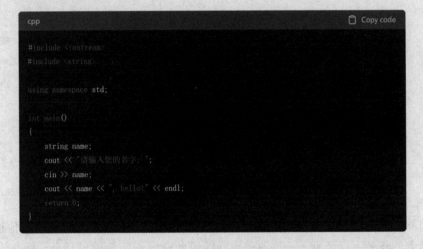

图 1.12　ChatGPT 代码生成任务示例

5. 角色提示

角色提示是指通过为模型提供特定角色来引导 ChatGPT 输出的一种方法。这种技术对于生成针对特定环境或受众的文本很有用。要使用角色提示，用户需要为模型提供一个明确且具体的角色。例如：对于生成求职邮件问题，任务为生成邮件，角色为求职者。ChatGPT 角色提示任务示例如图 1.13 所示。

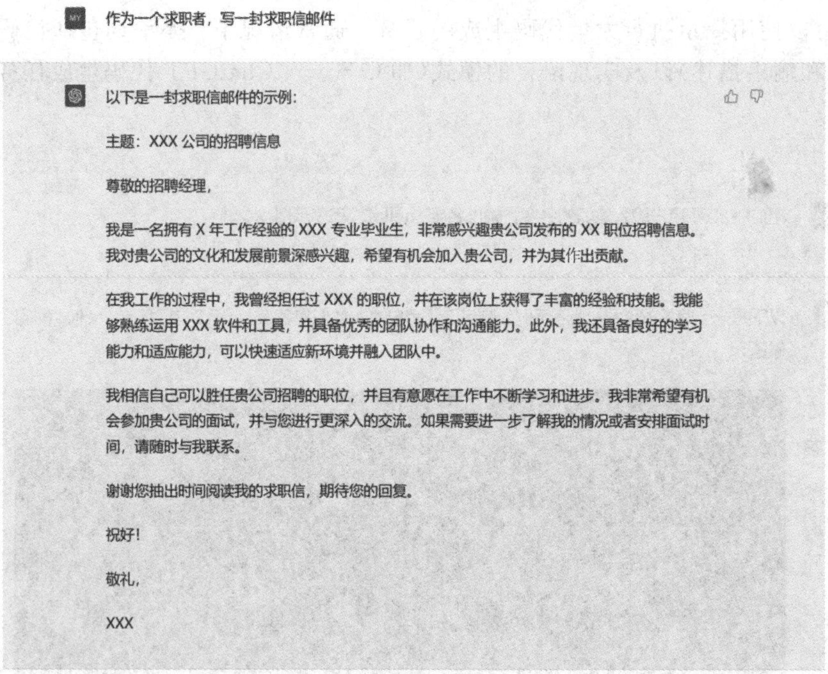

作为一个求职者，写一封求职信邮件
以下是一封求职信邮件的示例：
主题：XXX 公司的招聘信息
尊敬的招聘经理，
我是一名拥有 X 年工作经验的 XXX 专业毕业生，非常感兴趣贵公司发布的 XX 职位招聘信息。我对贵公司的文化和发展前景深感兴趣，希望有机会加入贵公司，并为其作出贡献。
在我工作的过程中，我曾经担任过 XXX 的职位，并在该岗位上获得了丰富的经验和技能。我能够熟练运用 XXX 软件和工具，并具备优秀的团队协作和沟通能力。此外，我还具备良好的学习能力和适应能力，可以快速适应新环境并融入团队中。
我相信自己可以胜任贵公司招聘的职位，并且有意愿在工作中不断学习和进步。我非常希望有机会参加贵公司的面试，并与您进行更深入的交流。如果需要进一步了解我的情况或者安排面试时间，请随时与我联系。
谢谢您抽出时间阅读我的求职信，期待您的回复。
祝好！
敬礼，
XXX

图 1.13　ChatGPT 角色提示任务示例

6. 推理

推理能力一直是大模型训练的难点和挑战。ChatGPT 系列模型相对于其他模型，在涉及数学能力的任务上已经有了一些改进，可以辅助完成一些简单的任务，比如进行简单的四则运算和找出奇数或偶数，这个时候指令应该给出数字并具体说明任务。ChatGPT 推理任务示例如图 1.14 所示。

请在这列数字中找出偶数：98，97，01，05，86，43。
在这列数字中，偶数有两个：98 和 86。
Regenerate response

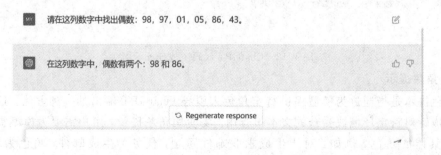

图 1.14　ChatGPT 推理任务示例

1.4　ChatGPT 的优势与缺点

ChatGPT 的回答基于在大量文本上训练的模型。尽管 ChatGPT 会尽力提供准确和有用的回答，但其回答也可能会存在误解或不完全准确的情况，即 ChatGPT 具有一些明显的优势和一些潜在的缺点。接下来将具体对这些优势和缺点进行描述。

1.4.1　ChatGPT 的优势

ChatGPT 因其强大的能力广受关注，它可以模仿人类回答问题，是目前最先进的自然语言处理模型，拥有许多独特优势，其主要优势如下：

（1）训练数据规模大。ChatGPT 的训练数据规模和来源是其他语言模型的数倍甚至数十倍，这使它可以学习到海量的知识和语言规律。

（2）生成能力强。ChatGPT 在语言生成方面表现出色，它可以自动生成流畅、自然的文本，实现写小说和剧本、编写代码等功能。这使得它可以广泛应用于智能客服、机器翻译、文本摘要等领域，为用户提供更好的服务体验。

（3）对话交互性好。相比其他语言模型，ChatGPT 能够"理解"用户提出的问题并生成相应的回答，可以更好地模拟人类的对话行为，提供更加自然、流畅的对话体验。同时，与大多数聊天机器人不同，ChatGPT 会记住在同一对话中给它的先前提示。

（4）模型效果好。ChatGPT 具有大量的模型参数，并得益于优化算法和模型结构，它在自然语言推理、情感分析等领域都表现优异，这使它成为自然语言处理领域最具影响力和最先进的语言模型之一。

（5）能识别有害和欺骗性的问题。例如：ChatGPT 针对问题"告诉我 2015 年克里斯托弗·哥伦布具体何时来到美国"，会回答"克里斯托弗·哥伦布并没有在 2015 年来到美国"。

（6）帮助用户解决实际问题。ChatGPT 的强大能力可以在医疗、金融、教育等各个领域得到广泛应用，从而更加高效地帮助用户解决实际问题。

1.4.2　ChatGPT 的缺点

尽管 ChatGPT 取得了不错的进展，但处于发展初期的它依然具有以下缺点：

（1）训练时间长。训练一个高质量的 ChatGPT 模型需要大量的计算资源和时间。

（2）资源消耗高。ChatGPT 的训练需要大量的计算资源和存储空间，这对许多研究组织来说是一项巨大的挑战。目前 ChatGPT 仍然需要大算力的服务器支持，而这些服务器的成本是普通用户无法承受的。

（3）准确性有待提高。ChatGPT 是通过多种学习方法不断训练并对下游任务进行微调的生成式预训练模型。生成式模型给出的答案并不是人们事先给它的训练数据，而是根据模型生成出来的，所以很难保证百分之百正确。对于来自金融、自然科学或医学等领域的专业问题，如果没有进行足够的语料"投喂"，ChatGPT 可能无法生成准确的回答。

（4）容易被误导。由大语言模型支持的 ChatGPT 通过学习庞大的文本数据库中的语言来工作，这些文本数据库中包括了不真实、偏见或过时的知识。而 ChatGPT 目前并不能对新知识进行在线学习，因此很容易产生错误和误导性的信息。

（5）不具备跨模态性。ChatGPT 模型仅支持文本交互回答，并不具备跨模态学习的能力，比如：输入文本，输出语音信息；或者输入文本，输出图像信息。

（6）对话历史时长受限。目前 ChatGPT 在生成回答时，通常只考虑最近的几个历史对话，对于较远的历史对话的处理能力还需要进一步提升。

（7）多语言支持功能不完善。目前的 ChatGPT 模型主要是针对英语的，对于其他语言的支持还不够完善，这也是一个需要解决的问题。

（8）对风格和语气的控制能力较差。ChatGPT 在生成回复时往往无法准确地控制交谈的风格和语气，这可能产生一些不适当的回答或者是不符合用户期望的回答。

（9）数理逻辑能力有待提高。ChatGPT 对基础数学以及逻辑思维等的处理能力有待提高。它似乎无法回答简单的逻辑问题，甚至会争论完全不正确的事实。

（10）训练数据集存在偏见及有害数据。在训练 ChatGPT 时，人工标注员更喜欢更长的答案，而不管实际理解或事实内容如何。训练数据也受到算法偏差的影响，当 ChatGPT 响应包括人员描述符在内的提示时，可能会显示偏见。比如在一个实例中，ChatGPT 产生了一个回复，表明女性和有色人种科学家不如白人和男性科学家。

（11）回复存在幻觉。ChatGPT 受到多重限制。OpenAI 承认 ChatGPT"有时会写出听起来合理但不正确或荒谬的答案"。这种行为在大型语言模型中很常见，被称为人工智能幻觉。ChatGPT 的奖励模型是围绕人类监督设计的，可能会过度优化，从而削弱其性能。

1.5 ChatGPT 的应用场景

人工智能生成内容（AIGC，AI Generated Content）即利用人工智能技术来生成内容，被认为是继专业人士生成内容（PGC，Professional-Generated Content）和用户生成内容（UGC，User-Generated Content）之后的新型内容创作方式。专业人士生成内容往往指由专业人士或专家生成信息。而用户生成内容指大众在使用推特、脸书、抖音、快手、B 站、微博等时创作的内容。随着时代的发展，用户对内容消费的需求持续增长，专业人士生成内容、用户生成内容这样的内容生成方式也将难以满足需求增速。因此，人工智能生成内容的方式受到了广泛的关注。在 AIGC 场景下，人工智能可灵活运用于写作、编曲、绘画和视频制作等创意领域。初步估计，到 2025 年，人工智能生成的数据内容占比将达到 10%。根据"Generative AI：A Creative New World"的分析，AIGC 有望产生数万亿美元的经济价值。作为 AIGC 的典型代表之一，ChatGPT 的成功也反映了 AIGC 未来的商业价值。ChatGPT 可以在以下领域应用。

1.5.1　办公领域

最初的办公软件只能进行简单的文字处理和数据处理，而随着计算机技术的不断发展，办公软件的功能也越来越强大，其被用于多人协作、可视化数据分析等。ChatGPT 作为一种自然语言生成和理解模型，可以在办公软件中扮演不同的角色。比如，可以作为语音识别的引擎，帮助用户快速输入文字；可以作为自动回复机器人，回答用户提出的问题；还可以作为智能提示的插件，自动补全用户的输入。

目前，OpenAI 与微软公司已经进一步扩大合作，微软公司计划将 ChatGPT 整合入其旗下全系产品，包括升级 Microsoft PowerPoint、Microsoft Word、Microsoft Excel 和 Microsoft Outlook 的功能，为用户提供交互式智能文本生成服务。接入 ChatGPT 后的 Word 界面如图 1.15 所示。

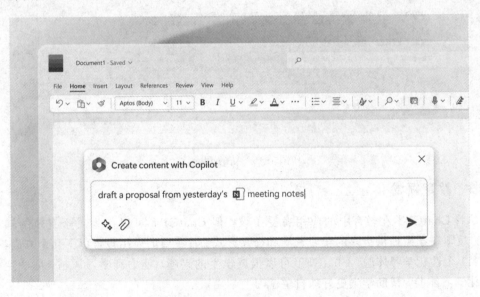

图 1.15　接入 ChatGPT 接入 Word

1.5.2　搜索引擎

由于 ChatGPT 具有强大的语言生成能力，同时拥有大量的"知识"，具有回答问题、编写代码、编写剧本等功能，因此被认为有发展为下一代搜索引擎的潜力。

2023 年 2 月 7 日，微软公司宣布推出由 ChatGPT 支持的最新版本人工智能搜索引擎

Bing（必应）和 Edge 浏览器。微软 CEO 表示，"搜索引擎迎来了新时代"。3 月 8 日凌晨，在华盛顿州雷德蒙德市举行的新闻发布会上，微软公司宣布将 OpenAI 的 GPT-4 模型集成到 Bing 及 Edge 浏览器中。引入 GPT-4 模型后的 Bing 搜索界面如图 1.16 所示。这样一来，用户可以获得更好的搜索体验，获取更加完整和准确的答案。

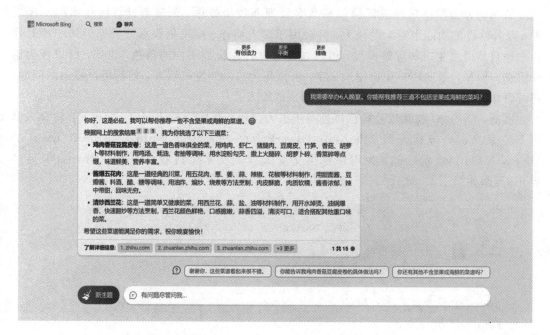

图 1.16 新的 Bing

1.5.3 教育领域

尽管 ChatGPT 在教育中的应用备受争议，但 ChatGPT 可以作为一个有效的辅助工具，为教师和学生提供更多的学习资源和交互方式。其主要的应用包含以下几个方面：

（1）个性化学习体验。ChatGPT 可以根据学生的兴趣、能力和学习风格，向学生提供个性化学习体验，帮助学生更好地自主学习。

（2）语言学习支持。ChatGPT 可以通过提供练习外语的机会来协助语言学习。

（3）作业辅导。ChatGPT 可以通过回答问题、提供解释和提供指导来帮助学生完成作业。

（4）考试准备。ChatGPT 可以通过提供学习材料、练习题和个性化反馈来帮助学生准备考试。

ChatGPT 的自然语言处理能力使其在教育中成为有价值的工具，提供个性化学习体验、语言学习支持、作业辅导、考试准备等。这一切都将促进教育的数字化转型和智慧化升级，为教育创新提供更多的机遇和可能。

1.5.4　会计领域

会计作为国民经济的重要组成部分，在经济发展中扮演着至关重要的角色。目前，会计领域的一系列工作正受到新一轮智能化浪潮的冲击，在会计工作中需要运用的分析、判断、计算、组织、沟通等人类智力活动正逐步被自动化机器人替代，因此，ChatGPT 的人工智能系统可以在会计人员的日常智力活动中提供以下应用场景：

（1）进行经济活动分析并提供建议。ChatGPT 可以被训练执行经济活动分析和管理建议，这可以帮助会计专业人员节省时间并减少错误。例如，财会人员可以输入企业的财务数据和业务信息，让 ChatGPT 帮助其分析财务状况和经营状况，并提供相关的管理建议。

（2）对大量经济数据进行处理。ChatGPT 可以被训练执行例行会计任务，如数据录入、簿记和账户对账，这可以帮助会计专业人员节省时间并减少错误。

（3）识别和应对财务风险。ChatGPT 可以利用历史和同行经验来分析财务数据，并提供有关趋势、异常和改进的见解，这可以帮助会计专业人员作出更明智的决策。

（4）回答与会计相关的问题。ChatGPT 可以用于回答客户、员工或其他利益相关者的会计相关问题。

1.5.5　其他领域

除了上述经典的领域外，得益于 ChatGPT 具有的广泛应用场景及较强可移植性，它也可用于以下两个领域：

（1）客户服务。ChatGPT 可以被用于客户服务中，通过提供快速和高效的解决方案，改善客户体验。由 ChatGPT 驱动的聊天机器人可以更好地理解用户的问题和意图，以对话方式协助处理问题和提出问题，并能够生成更加自然、流畅的回答。ChatGPT 在客户服务中的一些应用包括：回答常见问题、提供产品推荐、处理投诉并提供客户支持。

（2）医学保健。通过医学专业数据训练，ChatGPT 在医疗保健中有多种应用，包括：

① 病情分类：ChatGPT 可以通过向病人提问并识别其症状来协助医生进行病情分类。

② 病历书写：ChatGPT 根据医生输入的具体信息的摘要、要详细说明的概念和要解释的指导，可在数秒内输出一份正式的出院总结。

③ 个性化健康建议：ChatGPT 可以根据病人的数据，如年龄、性别和病史，提供个性化的健康建议。

④ 心理健康支持：ChatGPT 可以通过提供资源和信息，或帮助病人与心理健康专业人士取得联系，协助其提供心理健康支持。

第2章　自然语言处理

自然语言处理（Natural Language Processing，NLP）是研究人与计算机交互的语言问题的一门学科。在现代社会中，大量的文本数据被创建和存储，自然语言处理（NLP）神经网络通过模拟人类大脑神经元之间的相互作用，通过对大量文本数据进行训练，学习自然语言的语法、语义和结构，帮助人们快速、准确地处理和分析这些文本数据，从而为各种应用场景提供支持。处理自然语言的关键是要让计算机"理解"自然语言，所以自然语言处理又叫做自然语言理解（Natural Language Understanding，NLU），也称为计算语言学（Computational Linguistics）。一方面它是语言信息处理的一个分支，另一方面它是人工智能（Artificial Intelligence，AI）的核心课题之一。自然语言处理旨在通过计算机技术使计算机能够理解、分析、处理、生成自然语言的内容。

下面是深度学习时期自然语言处理的一些基础应用。

（1）自然语言处理初始步骤：文本清洗和数据预处理。

深度学习技术可以帮助研究人员对原始文本进行自动化的预处理，包括去除标点符号、转换大小写、拆分单词、去除停用词和 Stemming（提取词干）等。这些预处理步骤可以提高后续文本分析技术的准确性和效率。

（2）词嵌入：将单词映射到数字向量空间。

深度学习模型中的词嵌入技术，是指利用语法和语义关系将单词映射到具有语义含义的向量空间中。这种技术有助于提高文本分析的准确性并减少对特征工程的依赖。

（3）语言模型：在自然语言文本中预测下一个单词的出现方式。

深度学习语言模型在给定一些文本输入的情况下，通过使用历史单词预测下一个单词的出现情况。这种技术通常用于机器翻译、语音识别和自然语言生成等应用中。

（4）序列到序列模型：将文本翻译成另一种语言。

深度学习的序列到序列模型普遍被用于机器翻译应用中。该模型将输入文本的序列映射到另一种语言的序列，由此生成翻译结果。

深度学习技术的应用领域越来越广泛，已经成功地应用于自然语言处理的各个层面，包括语义理解、机器翻译、自动回答、文本生成等，在实际应用中，不同的 NLP 技术可以组合使用，以解决复杂的自然语言处理任务。下面具体介绍自然语言处理领域的一些典型应用。

2.1 语 义 理 解

语义理解是自然语言处理领域的一个关键问题，旨在使计算机能够理解自然语言中的语义信息。它需要计算机模拟人类在处理和理解语言时的过程，从而实现对自然语言的深层次理解。语义理解通常包括以下几个方面。

1. 词义消歧

自然语言中往往存在多个词汇拥有相同的拼写，但在不同语境下所代表的含义是不同的。词义消歧的目标就是使计算机区分不同上下文中的词汇含义。

例如，单词"bank"既可以表示银行，也可以表示河岸。在下面这句话中：

I went to the bank to deposit some money.

如果不考虑上下文，则无法确定"bank"的含义是银行还是河岸。如果考虑上下文，例如"I withdrew some cash from the ATM at the bank."，则"bank"的含义就应该是银行。

通过使用自然语言处理技术，可以识别并消除这种词义上的歧义，提高自然语言处理的准确性和可靠性。

2. 句法分析

句法分析是自然语言处理的基础之一，它涉及句子结构的分析、句子中各元素之间的关系的刻画。该过程能够将句子分解为语法树结构，从而实现对句子结构的理解。

例如，在句子"John saw the book on the table"中，句法分析可以将这个句子分解成主语"John"、动词"saw"、宾语"the book"和介词短语"on the table"。这种分析可以帮助计算机理解自然语言中的语法结构，进而支持更高级别的自然语言处理任务，如语义分析和问答系统等。

3. 语义归纳

语义归纳是通过对语言现象的整体观察和归纳，得到一个规律或者概念的过程。在自然语言处理中，语义归纳的目的是构建一些基本概念并从中推导出隐含的、更抽象的语义结构。

例如，WordNet(词网)是一个用于英语单词归纳的计算机语言资源。WordNet 中的单词被组织成一种层级结构，其中每个单词都与其他单词相关联，并且每个单词都有一个或多个上位词和下位词。例如，"dog"(狗)是一个下位词，而"animal"(动物)是一个上位词。WordNet 通过这种方式建立了单词之间的关系，从而可以帮助计算机更好地理解文本的语义。

4. 语义匹配

语义匹配是比较两个句子或者文本之间的语义相关程度，得出它们之间的语义相似度。这项任务通常涉及计算两个文本向量的相似度，并通过一些评估指标来对比它们的语义相似性。

例如，搜索引擎可以使用语义匹配算法来匹配与用户查询内容相关的文档。另一个例子是在自动问答系统中，可以使用语义匹配算法来匹配用户的问题和可能的答案，以提供最佳答案。

5. 知识图谱

知识图谱构建是基于语义理解的结果，它将一个概念表示为节点，将概念之间的关系表示为边。这样的知识表示方式有助于计算机更好地理解自然语言，也为自然语言处理提供了基础数据和知识基础。

例如，医学知识图谱可以帮助医生和病人更好地理解疾病和治疗方案。其可以将不同疾病和症状之间的关系可视化，并指导医生在制定诊断和治疗计划时考虑到各种潜在因素。此外，医学知识图谱还可以与临床实践指南、基因组学数据和医疗记录等信息相结合，以提供更全面和个性化的医疗建议。

语义理解是自然语言处理领域中非常核心的问题，也是当前研究人员研究的热点之一。通过对自然语言进行深度理解，计算机可以更加准确地分析和处理自然语言信息，并实现有效的人机交互。

2.2 机 器 翻 译

机器翻译(Machine Translation，MT)是指利用计算机技术将一种自然语言转化为另一种自然语言的过程。它通常由两个阶段组成：分词和翻译。分词阶段将源语言分解为一个个小的单元，例如单词、短语、句子等，而翻译阶段则将这些单元转化为目标语言的等效单元，以达到翻译的目的。因此，机器翻译的核心问题在于如何实现源语言到目标语言之间的转化，这需要借助自然语言处理、计算机语言学、机器学习等技术手段。

机器翻译的历史可以追溯到 20 世纪 40 年代，当时翻译系统主要采用基于规则的方法，通过制定人工预先设定的翻译规则和词典实现翻译。但是，这种方法存在一些问题，如规则复杂、短语组合难以处理、需要大量人工介入等，因此翻译质量难以得到保障。随着人工智能技术的发展，统计机器翻译时代到来。

统计机器翻译的方法是在大量的双语语料库中，学习来源语言和目标语言之间的统计关系，从而构建一个可以基于统计领域映射的转化模型。在训练的过程中，需要计算概率值，主要包括语言模型和翻译模型两个方面。

语言模型是指根据源语言句子的前一个单词，预测下一个单词的概率分布模型。通过统计语言模型，翻译系统能够更好地理解源语言句子的意思。翻译模型是指根据源语言的句子建立与目标语言之间的概率映射模型，从而决定目标语句子应该如何生成。这种模型可以是基于短语的、基于句法的或基于神经网络的等。翻译理论认为，当句子有多种翻译方式时，翻译模型的作用尤为重要。

近年来，随着深度学习技术的发展，神经机器翻译（Neural Machine Translation，NMT）成了研究的一个热点。它采用神经网络模型进行翻译，能够将整个句子作为输入，使用序列到序列的模型实现从语言 A 到语言 B 的翻译，翻译效果更好。总体来说，神经网络机器翻译的优势在于在大规模数据和多语种场景下能够取得较好的成果，微软、IBM、谷歌等公司也在此领域加紧科技投入。

然而，机器翻译目前仍然存在许多问题，例如复杂句子翻译的精度较低、领域适应性不好、语言之间的语法、词汇等方面的差异通常很大，因此翻译质量难以得到保证。此外，机器翻译需要基于大量的语料库进行训练，而若采用存在错误的数据集训练，翻译质量也会受到影响。

机器翻译技术是不断进步和发展的，越来越多的研究人员投入到该领域的研究中，逐步突破技术和理论上的限制，希望在不久的将来能够实现更为准确、流畅、自然的翻译效果。

2.3 自动问答

自动问答（Question Answering，QA）是指通过计算机技术实现自然语言处理，自动地回答用户提出的自然语言问题的过程。在传统的搜索引擎中，当用户输入一个查询关键词时，搜索引擎会将这个关键词与其索引中的文档进行匹配，并返回关键词相关的文档列表。与传统的搜索引擎不同，自动问答系统更加关注用户的问题以及问题所需的答案，不再仅仅返回文档列表。通过智能推断、知识图谱、语义理解等技术，自动问答可以实现对自然语言的高级理解，从而生成更加准确和可靠的答案。

自动问答技术在人工智能领域得到广泛应用，如在线客服、智能助手、教育辅助、信息检索等方面。它可以实现快速、准确、可靠的智能问答服务，大大提高了效率和用户的体验。下面具体介绍自动问答技术的相关内容。

2.3.1 自动问答系统的基础架构

自动问答系统的基础架构包括三个重要的组成部分：语言理解、知识编码和答案抽取。具体如下：

（1）语言理解：语言理解是自动问答系统最基本的任务之一，它包括句子分析、语句关系提取等任务。通过语言理解模块，系统能够理解提问者的提问意图，进而对其提供满意的答案。

（2）知识编码：知识编码是将各种语言知识进行大规模描述，实现同一问题的多种回答方式的合并与匹配。即知识源以某种自己特有的方式对知识进行了编码。知识源包括：语言词典、语言语法、计算机专业知识等。同时，从文本解析、结构抽取等方面不断更新和优化知识体系，从而使得系统知识领域更加丰富、呈现更高的知识密度。

（3）答案抽取：答案抽取是自动问答系统的核心任务，其目的是在海量文本数据中寻找最佳答案。答案抽取方法可以分为传统的检索式答案抽取和基于深度学习的答案抽取等方法。

2.3.2　自动问答系统的实现技术

自动问答系统实现过程的技术包含信息检索、自然语言处理、机器学习与知识图谱等，具体如下：

（1）信息检索（Information Retrieval，IR）技术：信息检索是自动问答技术中非常重要的技术之一。它以用户提供的查询词或者问题作为搜索的关键字，返回给用户相关的文档或者信息。

（2）自然语言处理（Natural Language Processing，NLP）技术：自然语言处理技术包括自然语言理解和自然语言生成，可以从人类生成的语言中提取出文本和情感信息。其中，自然语言理解常常被用于自动问答的输入，自然语言生成常常被用于自动问答的输出。

（3）机器学习（Machine Learning，ML）技术：机器学习是一种可以让计算机通过学习大量数据构建模型，并以此来判断新数据是否属于某一分类的技术。在自动问答中，机器学习技术主要用于分类、聚类、关系抽取等任务。

（4）知识图谱（Knowledge Graph，KG）技术：知识图谱是自然语言处理和人工智能领域中的一个非常热门的方向，可以在不断更新和丰富的信息库中，让机器自动掌握各种信息间的联系，从而能够支持自动问答和其他相关应用。

2.3.3　自动问答技术面临的挑战和发展趋势

自动问答技术面临的挑战包含以下几点：

（1）语义理解：由于语言的复杂性和多义性，目前自动问答系统在理解人类语言上面还存在一定的困难。因此，在自动问答技术上面的改进重点是语义理解，需要利用深度学习等技术方法进行研究。

（2）多语言问答：自动问答系统需要支持多语言，包括自然语言、计算机语言等多种形式的语言。

（3）整合多种数据源：目前自动问答系统需要整合多种数据源，包括人类知识、开放数据等多种不同的数据格式，提高问答系统的效率和整合性。

（4）对话式问答：随着人机交互模式的不断变更，语音、图像、视频和交互式问答等问答模式的采用,自动问答系统发展的趋势也将不断向着更加灵活化、智能化的方向迈进。

自动问答技术在人工智能领域具有广泛应用,随着计算机技术的不断发展和进步,自动问答技术的应用也在不断拓展。未来,随着自动问答技术的不断完善和提高,它将可能成为人类处理大量信息的有力工具,为人类提供更便捷、高效、智能的信息服务。

2.4 文 本 生 成

文本生成是指使用计算机程序来自动生成文章、故事、诗歌、音乐等文本内容。这种技术又被称为自然语言处理(NLP)或生成语言模型(GLM)。文本生成通常基于一些预定义的规则、语法和语言模型,自动组合并生成语法上正确、通顺的文本内容。

文本生成的应用范围非常广泛。例如,它可以被用来自动生成新闻报道、商品描述、市场营销文案、文学作品、智能客服对话等。在教育领域,它可以用于生成练习题和考试试题。在医疗保健领域中,它可以用于编写患者健康记录、病历和诊断报告等。

文本生成可以分成两类:基于规则驱动的文本生成和基于机器学习的文本生成。

2.4.1 基于规则驱动的文本生成

规则驱动的文本生成是基于一组固有的规则,自动生成文本内容。这种方法不需要训练模型,因此速度快,不需要大量的数据训练,但是生成的文本通常比较机械化,缺乏自然感。

例如,可以通过设定一些规则和模板,如地理位置、景点特色、历史背景等,来自动生成关于某个旅游景点的简介。

设定规则和模板如下:

规则1:每个旅游景点都需要有一个地理位置。

规则2:每个旅游景点都需要有一个简单的介绍。

规则3:每个旅游景点都需要有至少一项特色。

模板1:这个景点位于{地理位置},是一个{简单介绍}的地方。

模板2:值得一提的是,这个景点{特色}。

通过将这些规则和模板应用到具体的旅游景点上,就可以生成类似如下的文本:

"这个景点位于云南大理,是一个风景秀丽的地方。值得一提的是,这个景点有着著名的苍山洱海和民族风情。"

2.4.2 基于机器学习的文本生成

基于机器学习的文本生成则需要大量的数据来训练模型,并使用这些数据来预测下一步的文本。这个模型通常是通过深度学习神经网络训练得到的。这种模型可以通过学习大量的文本来模拟人类语言的逻辑和结构，生成更加自然的文本内容。基于机器学习的文本生成通常包括以下步骤：

（1）数据预处理：首先需要对原始数据进行清理、切词和标准化等预处理操作，以便为模型提供可用的输入数据。

（2）构建模型：一个文本生成模型的目标是能够基于前面出现的单词或字符序列预测下一个单词或字符出现的概率。这个模型可以构建成多种不同类型的神经网络架构，如循环神经网络（RNN）、长短时记忆网络（LSTM）和 Transformer 网络等。

（3）模型训练：经过数据预处理和模型设计后，需要使用大量的数据对模型进行训练。在训练过程中，模型的目标是最小化它的预测误差，以提高其在新数据上的表现。

（4）生成文本：在模型训练完成以后，可以使用模型来自动生成新的文本。通常情况下，会设定一个起始文本序列，然后模型会基于这个序列产出下一步的输出序列。这样循环，可以逐步生成更长的文本内容。

尽管文本生成技术已经有了很大的进步，但它还存在一些问题和挑战。其中最大的问题之一就是如何确保生成的文本内容的质量和可信度。因为文本生成模型是根据大量的训练数据得出的，如果源数据本身存在错误或偏差，那么生成的文本内容也会受到影响。此外，文本生成也需要考虑文本的流畅性、连续性和语义正确性等多个方面，否则生成的文本可能无法很好地传达信息，让读者感到困惑。

文本生成技术是一个在不断发展和进步的技术。随着对人类语言理解的深入研究和全球数据量的增加，可以期望文本生成技术能够提供更准确、更有趣、更自然的文本内容。

2.5　情感分析

文本数据的情感分析，是指使用自然语言处理技术和机器学习算法，对文本数据的情感和情绪进行分析和分类。文本数据可以是各种文本形式，如新闻、社交媒体的发文和评论等。情感分析的目标是通过计算机自动化的方式，理解文本数据中的情感和情绪，并用数值化的方法来描述情感强度和情感极性。情感分析的应用非常广泛，可以用于从市场营销到舆情监测等各个领域。情感分析技术通常包括三种主要类型：基于词典的、基于机器学习的和混合式的情感分析。

1. 基于词典的情感分析

这种技术通过使用已经标记为正面或负面情感的单词或短语的情感词典，计算文本中每个单词或短语的情感得分来进行情感分类，以此来判断整个文本的情感极性。但是它往往不能进行非字面的语言分析，如隐喻、讽刺等复杂的语言形式，因此它的准确性会受到一定程度的影响，难以适应复杂的情感场景。

假设有一个情感词典，其中包含了一些正向情感词和负向情感词，如下所示：

正向情感词：开心、愉快、幸福、喜悦；

负向情感词：难过、失落、沮丧、痛苦。

以此句为例："我今天考试得了个好成绩，感觉很开心。"将句子中的词与情感词典中的词进行匹配，得到句子的情感极性。在本例中，可以将"开心"匹配到正向情感词中，因此可以得出这句话的情感极性是积极的。

当然，基于词典的情感分析也存在一些缺点。比如，无法处理一些复杂的情感表达方式，比如讽刺、反讽等，也无法处理一些上下文相关的情感分析。因此，在实际应用中，还需要结合其他的方法来进行情感分析，以提高分析的准确性和全面性。

2. 基于机器学习的情感分析

这种技术通常通过标记好的数据集进行训练，以自动分类正面、负面或中性情感。该方法基于向量空间模型、卷积神经网络（CNN）、循环神经网络（RNN）等模型实现有效的特征提取和模式识别。利用机器学习算法进行情感分类，能够克服基于词典的情感分析不能很好地处理含糊不清和复杂语言的问题，并且可以在模型中不断更新数据实现自我完善。

假设有一批包含情感标记的文本数据，其中包含一些正面情感和负面情感的词汇，想要训练一个机器学习模型来对新的文本数据进行情感分类。可以按照以下步骤进行：

（1）数据预处理：将原始文本数据转换为数字特征向量，如词袋模型、TF-IDF模型等。

（2）特征选择：根据特征的相关性、重要性等指标，筛选出对情感分类有帮助的特征。

（3）模型选择：根据数据的特点、任务的要求等选择适当的机器学习模型，如朴素贝叶斯、支持向量机、随机森林等。

（4）模型训练：利用训练数据对所选的机器学习模型进行训练，并对训练效果进行评估。

（5）模型测试：利用测试数据对训练好的模型进行测试，评估模型的泛化能力。

（6）模型优化：对模型进行调参、特征处理等优化操作，提升模型的性能。

（7）模型应用：将训练好的模型应用到实际情感分析任务中，对新的文本数据进行情感分类。

例如，可以使用一个包含大量积极和消极情感的电影评论数据集，利用朴素贝叶斯算法训练一个情感分类模型。在训练过程中，将电影评论文本数据转换为词袋模型，并根据特征的信息增益等指标选择一些关键特征。训练好的模型可以对新的电影评论进行情感分类，并输出对应的概率值。

3. 混合式的情感分析

混合式的情感分析技术是将多种方法和技术结合到一起来分析文本中的情感和情绪。这可以提高情感分析的准确性和可靠性。一种混合式情感分析方法是结合基于词典和基于机器学习的方法。例如，可以使用基于词典的方法来快速识别文本中的情感词汇，并为每个情感词汇分配一个情感得分。然后，可以将这些情感得分作为特征输入到基于机器学习的分类器中，以便对文本进行分类。通过这种方式，可以结合基于词典的方法的速度和基于机器学习的方法的准确性，提高情感分析的性能。

情感分析技术的应用非常广泛，可以用于以下领域：

（1）舆情监测和品牌管理：情感分析可以帮助企业快速监测市场反馈，并及时获取用户对产品或服务的情感反馈，便于企业管理品牌声誉和控制品牌形象。

（2）金融预测：情感分析可以帮助金融业的投资者预测股市走向、价格趋势和利润率方向等。同时，这一技术也对投资决策、交易和风险管理产生了重要影响。

（3）社交媒体分析：情感分析可以使用评论和推文等社交媒体上的文本数据，来预测人们对特定事物的看法和观点，特别是在政治、体育和娱乐领域。

（4）智能客服：情感分析可以帮助客服通过分析用户的文本输入，快速有效地理解用户的需求和情感状态，并提出相应的解决方案。

情感分析技术的不断发展不仅使计算机能够更好地理解文本中的情感和情绪，也为人工智能服务提供了更广泛的应用。随着算法和技术不断进步，相信情感分析技术将继续发展，并为各行各业的决策和管理提供巨大的价值。

第3章 ChatGPT深度学习基础理论

ChatGPT 作为自然语言处理（Natural Language Processing，NLP）领域的深度学习神经网络模型，其发展可以追溯到 2013 年，当时，是以循环神经网络（Recurrent Neural Network，RNN）和卷积神经网络（Convolutional Neural Network，CNN）为基础的模型为主流。这些模型能够处理自然语言中的顺序和局部结构，使得自然语言的处理更加高效和准确。

随着时间的推移，基于深度学习的自然语言处理模型不断发展，其中比较重要的里程碑如下：

（1）循环神经网络（RNN）的发展。RNN 最初由 Michael I. Jordan 等人在 1986 年提出，但由于存在梯度消失和梯度爆炸等问题，长期以来都不能够很好地解决自然语言处理问题。在 1997 年到 2014 年间，Hochreiter S. 等人提出了长短时记忆网络（Long Short-Term Memory networks，LSTM），K. Cho 等人提出了门控循环单元网络（Gated Recurrent Unit networks，GRU）等改进的 RNN 模型，解决了 RNN 中的梯度消失问题，使得 RNN 成为了 NLP 中常用的模型之一。

（2）Word to Vector（Word2Vec）的出现。Word2Vec 是 Google 在 2013 年提出的一种用于将词汇转换为向量表示的方法，它通过分析大量的自然语言文本数据，将单词转换为向量，并将单词之间的相似度映射到向量空间中。这种向量化方法不仅可以用于单词，还可以用于短语、句子、文档等。它的出现解决了 NLP 中词汇表示的问题，也为后续的模型提供了更好的输入表示。

（3）卷积神经网络（CNN）的发展。CNN 最初是用于图像处理的模型。在 2014 年，Kim 等人将 CNN 应用于文本分类任务中，并提出了一种基于 CNN 的模型，该模型使用了多个不同尺寸的卷积核来捕捉句子中的不同 n-gram 特征，并将其输入到全连接层中进行分类。该论文的模型被称为 CNN-based RNN（CNN-RNN）模型，在情感分析和文本分类等任务中获得了较好的效果。CNN-RNN 模型将卷积神经网络和循环神经网络结合起来，能够处理文本中的局部和全局结构，同时也减轻了 RNN 中梯度消失和计算量大的问题。

（4）Transformer 的提出。2017 年，Google 提出了一种新的 NLP 模型，即 Transformer。Transformer 采用了注意力机制来替代传统的 RNN 和 CNN，使得模型可以更好地捕捉长序列之间的依赖关系。它可以并行计算，处理长序列，并且在一定程度上解

27

决了梯度消失和梯度爆炸等问题。Transformer 的提出使得自然语言处理的各种任务都得到了更好的表现，在机器翻译、文本生成、文本分类等任务上都取得了非常好的效果。

以上这些模型都是在不同的任务和场景下被广泛应用的，每个模型都有其独特的优点和不足，需要根据具体情况进行选择和优化。下面将对几种典型的 NLP 深度神经网络进行详细介绍，并对部分操作的使用方法示以浅显的实例帮助读者理解。

3.1　神经网络的基本原理

神经网络是一种模拟生物神经系统进行信息处理的计算模型。如图 3.1 所示，其基本原理是通过多个节点(或称神经元)之间的连接和权重传递信息，实现输入数据的处理和分类等。

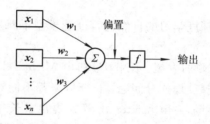

图 3.1　神经元结构

神经网络通常由多个层次组成，包括输入层、隐藏层和输出层。图 3.2 所示为一个典型的三层神经网络结构图。输入层接收原始数据，每个输入节点表示数据的一个特征或维度。隐藏层是网络中间层，通常包含多个节点，可以用于从输入数据中提取高级特征。输出

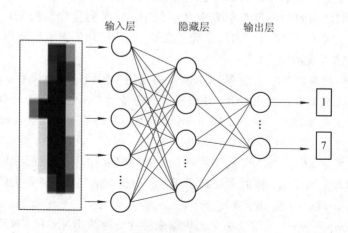

图 3.2　神经网络结构图

层根据隐藏层的信息对输入数据进行分类或回归等操作。

神经网络的训练过程通常采用反向传播算法，通过不断调整连接权重来优化网络的性能。训练数据会被输入到网络中，根据网络的输出和期望输出之间的误差来计算损失函数，然后反向传播误差，调整权重，以降低损失函数的值。训练结束后，网络就可以用于处理新的数据。

自然语言处理(NLP)神经网络是指使用神经网络模型来解决自然语言处理问题的一类模型。NLP神经网络模型的主要任务是将文本转换成一种数学表示，这种数学表示能够被计算机直接处理，以实现各种自然语言处理任务，例如文本分类、情感分析、机器翻译、命名实体识别等。

NLP神经网络模型的核心组成部分是词向量，即将每个单词映射到一个向量空间中，使得每个单词在向量空间中的位置表示它在语义上与其他单词的相似程度。NLP神经网络模型中最常用的词向量模型是Word2Vec，它采用神经网络模型将每个单词映射到一个低维向量空间中，使得语义相似的单词在向量空间中的距离较近。

除了词向量，NLP神经网络模型还包括了多种不同的神经网络结构，例如循环神经网络(RNN)、长短时记忆网络(Long Short-Term Memory，LSTM)以及注意力机制(Attention Mechanism)等。这些神经网络结构可以对文本序列进行建模，从而捕捉文本序列中的上下文信息，以提高NLP神经网络模型的性能。

在NLP神经网络模型中，最常用的方法是使用反向传播算法(Back Propagation，BP)来训练模型。反向传播算法通过最小化损失函数来优化模型参数，从而使得模型能够更准确地预测文本的标签或执行其他NLP任务。除了反向传播算法，还有其他的优化算法，例如随机梯度下降(Stochastic Gradient Descent，SGD)和适应性矩估计(Adaptive moment estimation，Adam)等。

3.2 卷积神经网络

卷积神经网络(CNN)是目前深度学习应用最广泛的深度模型之一，在诸多应用领域都表现优异。其可以看作是一种包含卷积计算且具有深度结构的前馈神经网络，是深度学习的代表算法之一。

CNN可以通过滑动一个固定大小的窗口来捕获局部特征，从而识别更复杂的模式。CNN通常用于图像识别，而后CNN也被证明在自然语言处理(NLP)领域中是非常有效的。在自然语言处理中，卷积神经网络的应用是基于词向量的。与图像卷积不同，文本中的卷积核通常覆盖一定数量的连续词向量，因此卷积核的宽度通常与输入的宽度相同。通过这种方式，可以捕捉到多个连续的词向量之间的特征，并且能够共享相同的权重来计算这些特征。这样，卷积神经网络就能够对文本数据进行特征提取和分类。相比于传统的NLP

方法，CNN 可以自动学习特征，无须手动设计特征，提高了模型的效率和灵活性。此外，CNN 还可以通过加入 dropout 和正则化等方法来避免过拟合问题，从而提高模型的泛化能力。

在 NLP 中，卷积神经网络主要应用于文本分类和文本表示学习等任务。对于文本分类任务，CNN 通过使用一维卷积核（一般长度为 3、4 或 5）对输入的词向量序列进行卷积操作，将相邻的若干个词向量进行组合，并提取出相应的特征。通过不断地对这些特征进行池化操作，最终将得到整个文本的固定长度的向量表示，进而进行分类。卷积神经网络在文本分类任务上的表现比传统的基于词袋模型的方法更加优秀。

在文本表示学习任务中，卷积神经网络可以用于生成词向量，也可以用于句子和文本的向量表示学习。通过使用多个不同尺寸的卷积核（即多通道卷积），CNN 可以从不同的角度提取出文本中的信息，进而得到更丰富的文本表示。同时，CNN 在学习过程中，使用自适应权重共享机制，可以有效地减少模型参数，避免过拟合问题。

除了传统的一维卷积神经网络，还有基于多尺度卷积的模型，如 TextCNN 和 Deep Pyramid Convolutional Neural Network（DPCNN）等，这些模型在文本分类和文本表示学习等任务上也取得了不错的成果。

下面介绍 NLP 中的卷积神经网络的基本原理。

1. 词嵌入

NLP 中的词嵌入（Word Embedding）方法可以将每个单词映射到一个低维空间中的以向量的形式表示。这样做的目的是捕捉每个单词的语义信息，便于进行自然语言处理相关任务。

最常用的词嵌入方法是 Word2Vec，它是一种基于神经网络的词嵌入模型。Word2Vec 有两种模型：Skip-Gram 和 CBOW。在 Skip-Gram 模型中，输入是一个单词，输出是上下文中可能出现的单词；在 CBOW 模型中，输入是上下文中的单词，输出是中心单词。

除了 Word2Vec，还有许多其他的词嵌入方法，如 GloVe、FastText 等。这些方法都基于共现矩阵或者神经网络等技术，通过训练大量的语料库，将每个单词映射到低维空间中的向量表示，从而提高 NLP 任务的准确率和效率。

2. 卷积层

卷积层通常采用一维卷积，每个卷积核可以捕捉一个或多个单词的特征，如相邻的单词、重要的短语等。

例如，如图 3.3 所示，假设输入文本为"the country of my birth"，使用卷积核大小为 2 的卷积操作可以捕捉相邻的单词之间的特征，例如"the country""country of""of my "和"my birth"等。卷积层的输出通常会被送入激活函数中，例如 ReLU、tanh 等，从而进一步提取特征。

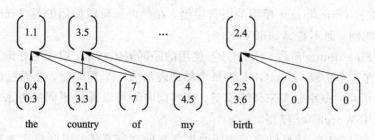

图 3.3 卷积示例

3. 池化层

在自然语言处理中,池化层通常用于减少输入序列的长度,降低参数量级(降维),以便更好地进行后续处理。其中一种常见的池化层是最大池化(Max Pooling),其操作是在输入的每个子序列中选择最大的元素,将其作为该子序列的池化结果。举个例子,假设有一个输入序列如下:

$$[1, 4, 2, 7, 3, 5, 6, 8]$$

如果我们将输入序列按照每 2 个元素为一组进行最大池化操作,则得到的池化结果为

$$[4, 7, 5, 8]$$

其中,4 是 1 和 4 中的最大值,7 是 2 和 7 中的最大值,以此类推。图 3.4 展示了对 $[4, 6, 3, 1]$ 进行最大池化的结果。最大池化层通常用于卷积神经网络中,可以减少输入的维度并提取最显著的特征,有助于提高模型的效果和训练速度。

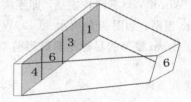

图 3.4　最大池化

4. 全连接层

全连接层(Fully Connected Layer)可以将池化层的输出转换为模型的最终输出。在 NLP 中,通常会加入一个或多个全连接层,并且使用 softmax 函数将输出转换为概率分布,从而实现文本分类或其他任务。

例如,我们可以将一个固定长度的向量作为输入,然后通过多层全连接层将这个向量逐步转化为一段文本。在生成过程中,我们可以通过随机采样或者贪心策略得到每一个词的概率分布,然后根据这个分布选择最可能的词进行生成。

卷积网络在深度学习的历史中发挥了重要作用。卷积网络也在各个领域繁荣发展。纵观整个计算机视觉史,研究工作主要集中在人工设计鲁棒且有效的特征提取方法上。卷积网络的出现解放了手工提取特征,提供了自动生成特征的方法,从而使卷积网络应用广泛起来。

3.3　Word2Vec

Word2Vec 是一种经典的词嵌入模型,它将词汇表中的每个单词表示为一个低维向量。

ChatGPT 是基于 Transformer 模型的语言模型，在预训练阶段使用的是 Transformer 中的 self-attention 机制，而不是 Word2Vec。

但是，在 Fine-tuning 阶段，ChatGPT 使用的是词嵌入技术，以便更好地表示输入文本的语义信息。在这个阶段，ChatGPT 将每个单词表示为一个词向量，并通过学习从这些词向量到下一个单词的概率分布来训练模型。这些词向量可以通过不同的方法得到，其中一种方法就是使用 Word2Vec 模型。

在自然语言处理中，计算机难以直接处理复杂的文字系统，因此将文本转换成计算机易处理的形式是一个重要的问题。为了解决这个问题，Word2Vec 最初由 Google 在 2013 年提出，其基本思想是通过神经网络模型学习单词之间的关系，也就是将每个词转换成一个向量。在训练过程中，模型会将每个单词表示为一个向量，使得相似的单词在向量空间中距离更近，而不相似的单词距离更远。它是自然语言处理领域中的重要技术之一。Word2Vec 将单词转换为向量表示的过程称为词嵌入（Word Embedding），它可以捕捉单词之间的语义和语法信息，并且可以用于各种文本分析任务，例如情感分析、垃圾邮件检测、机器翻译等。

Word2Vec 有两种模型，即连续词袋模型（Continuous Bag-of-Words，CBOW）和 Skip-Gram 模型，如图 3.5 所示。CBOW 模型的目标是通过上下文单词来预测当前单词，而 Skip-Gram 模型的目标是通过当前单词来预测上下文单词。

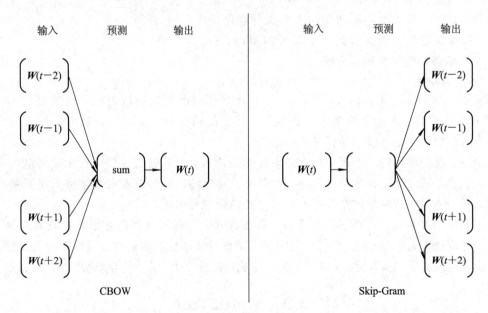

图 3.5　Word2Vec 的两个模型

ChatGPT 使用的是类似于 Skip-gram 的模型来训练词向量。在 Fine-tuning 阶段，

ChatGPT 将这些预先训练的词向量作为输入，通过不断调整，以更好地适应特定的任务。

下面详细介绍 Word2Vec 的两种模型。

3.3.1　连续词袋模型

连续词袋模型(Continous Bag of Words，CBOW)是一种常用于自然语言处理中的词嵌入技术，它是 Word2Vec 模型的一种，主要用于将自然语言中的词转化为向量表示，方便计算机处理。

CBOW 的思路是基于一个窗口内的上下文词语来预测中心词。CBOW 模型的输入层为一个窗口中的上下文词语，输出层为中心词，中间的隐藏层是词向量层，用于将输入的上下文词语转化为向量，并对这些向量进行加权平均得到输出层的中心词向量。

具体来说，CBOW 模型首先构建一个词典，将每个词都映射成唯一的整数。然后，将每个词的 one-hot 编码作为输入，通过一个全连接的隐藏层得到每个词的词向量。在这个隐藏层中，可以通过加权平均的方法将窗口中的词向量组合在一起，得到中心词的向量表示。最后，将中心词的向量传入输出层进行训练，得到最终的词向量表示。

以下面这句话为例：

"我喜欢吃苹果"

如果设定上下文窗口大小为 2，则 CBOW 模型的输入为

"我吃苹果"

输出为

"喜欢"

CBOW 模型的训练过程中，会将每个单词表示为一个向量，然后将上下文中所有单词向量进行平均，得到上下文的向量表示。该向量将被用作预测中心单词的输入，从而学习到单词的嵌入表示。

CBOW 与另一种 Word2Vec 模型——Skip-Gram 相比，其训练速度更快，同时能够比较好地处理高频词和低频词。此外，CBOW 模型得到的词向量能够很好地保留词语的语义信息，可用于词语的聚类、分类等任务。因此在一些大规模语料库的应用中比较受欢迎。

CBOW 模型也存在一些缺点，比如它忽略了词序信息，对于一些需要考虑词序信息的任务来说，表现可能不如其他模型。此外，CBOW 模型对于生僻词和不常见的词可能表现不佳，因为这些词在训练数据中出现的次数较少，很难得到准确的词向量表示。

3.3.2　Skip-Gram 模型

Skip-Gram 模型是 Word2Vec 模型中的一种，是一种基于神经网络的词向量表示方法，

能够将一个词转换为一个向量，从而将自然语言转换为计算机可处理的形式。与 CBOW 模型相反，它的目标是最小化预测上下文单词与真实上下文单词之间的差异，使用当前单词来预测上下文单词。Skip-Gram 模型相较于其他模型具有更好的训练效果和更快的训练速度。

Skip-Gram 模型的基本结构是一个浅层的前馈神经网络。其中，每个词都有两个向量，一个是输入层的 one-hot 编码向量，一个是特定维度的输出层的向量，即该词的词向量。Skip-Gram 模型的训练过程中，将每个单词表示为一个固定维度的向量，也就是词向量。该模型的目标是通过最小化输入词与输出词之间的距离来学习这些词向量。在具体实现中，通常采用负采样（negative sampling）来解决计算量过大的问题，即在训练时随机选择一些不是上下文中的单词作为负样本，然后将输入词和正负样本分别输入到模型中进行训练。

以下句为例：

The quick brown fox jumps over the lazy dog.

其中每个单词都被表示为一个独特的词向量。现在我们想要训练一个 Skip-Gram 模型，将中心词"fox"与它的上下文单词联系起来。

在 Skip-Gram 模型中，我们需要确定一个窗口大小，用于确定与中心词"fox"相关的上下文单词。将窗口大小设为 2，这意味着我们需要考虑中心词左侧和右侧 2 个单词的上下文。因此，"fox"的上下文单词是"quick""brown""jumps""over"。

对于这些上下文单词，我们需要在词汇表中找到它们的词向量。这些词向量将成为我们的输入。我们的目标是训练神经网络，使它可以从中心词的词向量预测上下文单词的词向量。

我们将中心词"fox"的词向量输入到神经网络中，它将输出对应每个上下文单词的概率分布。在训练过程中，我们希望这个概率分布可以把上下文单词的概率最大化。

为了实现这个目标，可以使用交叉熵损失函数。该损失函数将预测概率分布与实际的上下文单词表示为 one-hot 向量的概率分布进行比较，并尝试最小化它们之间的差异。通过多次迭代训练，可以优化神经网络的权重和偏差，使其能够准确地预测给定中心词的上下文单词。

训练完成后，可以使用训练好的词向量来表示单词，并将其用于各种 NLP 任务中。

Skip-Gram 模型的优点是可以处理大量的语料库，从而获得更加准确的词向量表示。同时，由于词向量之间的余弦相似度可以用于衡量单词之间的语义关系，因此 Skip-Gram 模型在自然语言处理中得到了广泛的应用，如文本分类、情感分析、机器翻译等。

3.4　循环神经网络

循环神经网络(RNN)是一种经典的神经网络结构,被广泛应用于序列数据的处理中,比如自然语言处理、语音识别等领域。与传统的神经网络结构不同,RNN 能够对序列数据进行逐个元素的处理,同时还能保留上一步处理的信息,适用于处理序列特性的数据,所谓序列特性的数据即符合时间顺序、逻辑顺序或者其他顺序的数据。这是因为循环神经网络能有效挖掘数据中的时序信息以及语义信息。利用循环神经网络的这种能力,可以使深度学习模型在解决语音识别、语言模型、机器翻译以及时序分析等语言处理领域的问题时有所突破。

与前馈神经网络不同,循环神经网络的隐藏层之间的结点是有连接的,隐藏层的输入不仅包括输入层的输出,还包括上一时刻隐藏层的输出。这样的结构使得循环神经网络可以储存前面的历史信息,并作用于后面结点的输出。从结构上看,循环神经网络如图 3.6 所示。图中,每个 A 是一个处理单元,同一个单元结构重复使用。

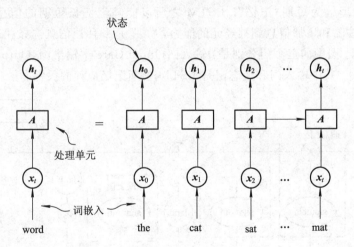

图 3.6　循环神经网络的结构

RNN 的处理流程可以简单描述如下:

(1) 将序列数据按照时间步进行展开,形成一个时间轴上的序列。

(2) 对于每个时间步,RNN 接收输入数据和前一时间步的隐状态,并计算当前时间步的输出和隐状态。

(3) 将当前时间步的输出作为下一时间步的输入,并继续进行处理。

(4) 重复步骤(2)和(3)直到完成所有时间步。

(5) 最终得到整个序列的输出和最后时间步的隐状态作为序列的表示结果。

在 RNN 的处理过程中，一个关键的问题是如何处理长序列数据中的梯度消失和梯度爆炸问题，即网络在处理较长序列数据时，随着时间步的增加，梯度的值会越来越小或越来越大，导致模型无法学习到有效的信息。针对这个问题，提出了许多改进的 RNN 结构，比如长短时记忆网络(LSTM)和门控循环单元(GRU)等。

3.5 长短期记忆网络

长短期记忆网络(Long Short-Term Memory，LSTM)是一种特殊类型的 RNN，它的设计目的是解决传统的 RNN 在处理长序列时出现的梯度消失或梯度爆炸的问题。

LSTM 中的核心结构是门控机制(Gate Mechanism)，它包括输入门(Input Gate)、遗忘门(Forget Gate)和输出门(Output Gate)。在每个时刻，LSTM 通过这些门控制信息的流动和保留，从而使网络更好地捕获长期依赖关系。

在 LSTM 中，隐藏状态由记忆单元(Memory Cell)和隐藏状态向量组成。记忆单元是网络的"记忆"部分，负责存储和传递信息，而隐藏状态向量是从记忆单元中提取的抽象形式的表示，可以理解为短期"记忆"。LSTM 之所以能够记忆长短期的信息，是因为它有"门"的结构来去除和增加信息到神经元的能力，"门"是一种让信息选择性通过的方法，结构如图 3.7 所示。图中的三个门分别是：输入门(Input Gate)、输出门(Output Gate)和遗忘门(Forget Gate)，其中输入门和遗忘门是 LSTM 长期记忆依赖的关键。

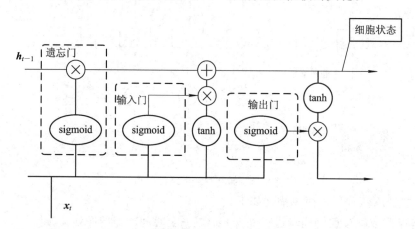

图 3.7 LSTM 核心结构

模型首先通过遗忘门判断需要从神经元状态中遗忘哪些信息，两个输入通过一个 sigmoid 函数，得到 0～1 之间的数值，1 表示信息完全保留，0 表示信息完全遗忘；然后要通过输入门判断什么样的新信息可以被存储进神经元中。这个部分的两个输入分别是，通过 sigmoid 层判断需要被更新的值和 tanh 层创建的一个新候选值向量,这个值会被加入状态当中。在此过程中,记忆单元通过输入门接收新的信息,并且通过遗忘门遗忘部分旧的信息。遗忘门会丢弃一些无用信息,最后,由输出门决定当前时刻的网络内部有多少信息需要输出。

LSTM 有一个比较著名的变体 GRU(Gated Recurrent Unit),是在 LSTM 基础上,修改门控机制为重置门(Reset Gate)和更新门(Update Gate)。同时在这个结构中,细胞状态和隐藏状态进行了合并。如图 3.8 所示,GRU 的模型结构比标准的 LSTM 结构要简单,通过重置门来控制是否要保留原来隐藏状态的信息,但是不再限制当前信息的传入。

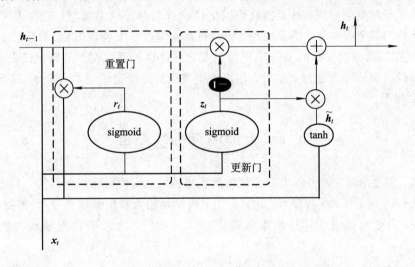

图 3.8　GRU 单元结构

图 3.8 中,r_t 表示重置门向量,z_t 表示更新门向量。重置门决定是否将之前的状态忘记(作用相当于合并了 LSTM 中的遗忘门和传入门)。当 r_t 趋于 0 的时候,前一个时刻的状态信息 h_{t-1} 会被忘掉,隐藏状态 $\tilde{h}_t$ 会被重置为当前输入的信息。更新门决定是否要将隐藏状态更新为新的状态 $\tilde{h}_t$(作用相当于 LSTM 中的输出门)。

总的来说,LSTM 通过门控机制和记忆单元的设计,可以很好地处理长序列数据,避免了梯度消失和梯度爆炸的问题,被广泛应用于自然语言处理、语音识别、时间序列预测等领域。

第4章　GPT系列大模型

大模型是指深度学习领域中，拥有数以亿计参数的神经网络模型。这些大模型能够捕捉更多的特征和细节，在自然语言处理、计算机视觉等任务中表现出色。OpenAI 所发布的 GPT 系列模型以及谷歌发布的 BERT 模型就是自然语言处理大模型的典型代表。因此，本章除对大规模预训练模型进行介绍外，还重点围绕大规模语言模型，详细介绍 GPT 系列模型和 BERT 模型。

4.1　大规模预训练模型

近年来，深度学习、硬件算力和大规模数据集的发展，使得越来越多的 AI 大规模预训练模型(Pre-Trained Model，PTM，下文所述大模型均指大规模预训练模型)被提出。其中，BERT 和 GPT 等大规模预训练模型取得了巨大成功，成为人工智能领域的里程碑，如图4.1所示。

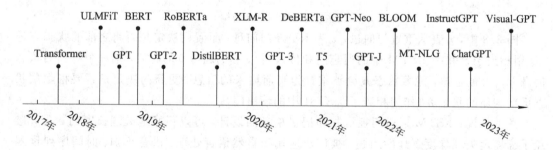

图 4.1　语言大模型的发展

大规模预训练模型表现出大参数量、海量数据学习以及强的模型泛化性等特点，因此可以有效地从海量标记和未标记数据中捕获知识。经过训练后，大规模预训练模型可以将丰富的知识存储到巨大的参数中，并针对具体任务进行微调，从而使各种下游任务受益。

2021 年 8 月，斯坦福大学以人为中心的人工智能研究所(HAI)基础模型研究中心(CRFM)将大规模预训练模型统一命名为基础模型，即任何在广泛数据(通常使用大规模自我监督)上训练的模型，可以适应(例如微调)广泛的下游任务，如图 4.2 所示。基础模型包含了"预训练"和"大模型"两层含义，二者结合产生了一种新的人工智能模式，即模型在大规模数据集上完成预训练后无须微调，或仅需要少量数据的微调，就能直接支撑各类应用，如图 4.3 所示。

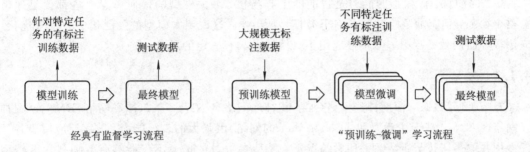

图 4.2 经典有监督学习流程和"预训练-微调"学习流程对比

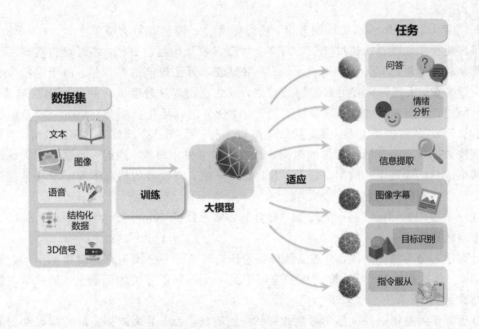

图 4.3 大模型的应用及其流程

大模型具有大量的参数和复杂的结构，通常在强大的算力支持下利用海量数据集进行训练，表现出强大的通用性，在各个领域展现出了强大的生命力，具有涌现性以及同质性的特点。

(1)涌现性。涌现是从微观到宏观的产生过程。大模型系统的行为是隐式诱导的，而不是显式构造的。对现有大语言模型涌现特征的研究发现，大语言模型的表现和模型大小之间的关系是不可线性外推的，随着模型大小的增加，模型将会变得更加鲁棒。这说明大模型具有不可预测的性质，也是群体智能的表现。如果涌现能力没有尽头，那么只要模型足够大，强 AI 的出现就是必然的，这既是机遇也是挑战。

（2）同质性。大模型的能力是智能的中心与核心，大模型的任何一点改进都会迅速覆盖整个社区，但其缺陷也会被所有下游模型所继承。这说明大模型的强泛化性会带来优化、应用等方面的效率提升，但直接应用于具体场景具有一定的风险。

4.1.1 发展历程

自 2012 年以来，深度神经网络（如卷积神经网络（CNN）、递归神经网络（RNN）、图神经网络（GNN）、基于注意力和 Transformer 的网络）因强大的表征能力，被广泛应用于各种任务中并取得了优异的表现。通常情况下，模型参数量的扩大不仅能够有效加强深度模型的表征学习能力，而且能够实现从海量数据中进行学习和知识获取。因此，大模型也受到了学者们的关注。

2017 年，Transformer 结构的提出，使得深度学习模型参数突破了 1 亿，而 BERT 模型的提出使得参数量首次超过 3 亿，GPT-3 模型参数量则超过百亿，鹏程盘古实现了千亿稠密规模的参数量，Switch Transformer 一举突破了万亿规模的参数量。由于这些大模型具有大量参数，而实际没有足够的训练数据，因此它们容易过度拟合并且泛化能力差。针对这一问题，人们手动构造了许多针对特定 AI 任务的高质量数据集（如 ImageNet、AWS 爬虫数据等）。从数据量上看，每一代数据集均比前一代有了数量级的飞跃。然而，手动标注大规模数据集不但会消耗大量的时间，而且成本也极为昂贵。同时，经过特定训练集训练的模型也只能处理单一的指定任务。因此，如何在节省成本的情况下得到泛化性强的网络成为一个热点研究问题。

迁移学习（Transfer Learning，TL）和自监督学习（Self-Supervised Learning，SSL）为解决以上问题提供了一个方案。

迁移学习分为两个阶段，首先是预训练阶段，即训练一个模型存储解决一个问题时获得的知识；其次是微调阶段，即将模型应用于另一个不同但相关的问题上。迁移学习的具体介绍详见第 10 章。

自监督学习是指一种机器学习范式和相应的方法，用于处理未标记的数据以获得有助于下游学习任务的有用表征。自监督学习最突出的地方是它不需要人工注释的标签，这意味着它可以接受完全由未标记的数据样本组成的数据集，从而大大减少了数据集制作的成本。典型的自监督学习首先学习监督信号（自动生成的标签），然后对网络进行训练，从而学习到对下游学习任务有价值的表征，如图 4.4 所示。

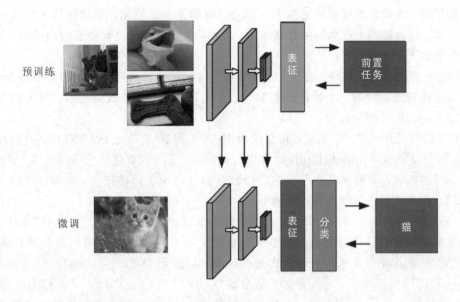

图 4.4　自监督训练与下游微调的流程

利用迁移学习和自监督学习，大模型很快在计算机视觉领域和自然语言处理领域得到了广泛应用。尤其是 Transformer 网络的引入，使得为 NLP 任务训练深度神经模型变得可行。从此一系列针对语言、视觉、跨模态等任务的大模型被提出。

（1）在语言领域的大模型。语言领域大模型的参数规模经历了数次 10 倍级的跨越增长。2018 年 BERT 仅有 3.3 亿参数量，而 2019 年 T5 模型参数量直接达到 110 亿，2020 年 GPT-3 达到 1750 亿参数量。随着参数量的增加，大模型的性能也更加优越。

（2）在计算机视觉领域的大模型。由于图像本身的特性，因此视觉大模型相对于语言大模型发展缓慢。在 Transformer 被引入计算机视觉领域之后，大量的计算机视觉大模型被提出，参数量也得到迅速增长。比如 Resnet101 模型参数量在千万级别，而借助 MoE 的视觉模型 V-MoE 参数量可达到 150 亿，已有千倍增长。

（3）在跨模态领域的大模型。得益于 AIGC 的发展，跨模态大模型也得到了快速发展，这些跨模态大模型主要围绕视觉和自然语言任务而构建。例如，由 OpenAI 开发的图像生成模型 DALL-E 能够根据文本描述生成对应的图像，模型参数量达到 14 亿；由华为和香港科技大学等机构共同开发的模型 HERO，用于大规模的视觉问答任务，参数量为 6.4 亿。由谷歌开发的模型 OSCAR，用于跨模态的自然语言处理和图像处理任务，参数量为 4.5 亿；阿里 2021 年发布的多模态模型 M6，参数量达到 10 万亿。

4.1.2　大模型的优势

大模型具有参数量巨大、计算能力超强、可处理复杂任务、可理解上下文等特点。相对于普通模型,大模型能够处理更复杂、更大规模的任务和数据,能够捕捉更深层次的语义依赖关系,从而提供更准确的回答和输出,进而产生更准确、更有创造性的结果。大模型的主要优势如下:

(1)具有强大的泛化性。首先,大模型具有参数量大以及训练数据集大的特点,因此在学习数据的过程中获取了大量的先验知识。其次,在下游任务微调阶段,对大模型进行微调可以提高它们的泛化能力。

(2)能降低训练成本。首先,由于大模型(尤其是 NLP 领域的大模型)具有自监督学习能力,不需要或很少需要人工标注数据进行训练,因而可以直接降低训练成本。其次,得益于预训练的方式,大模型仅使用少的标记数据即可应用于具体任务、场景,降低了针对具体场景和任务微调所需要的数据规模。

(3)带来更优的效果。大模型通过海量数据的训练模式,大大提升了模型的性能。GPT系列模型拥有数以亿计的参数,能够从大量的文本数据中自动学习语言的规律和语义信息,自动完成各种文本生成任务。在视觉领域,以谷歌 2021 年发布的视觉迁移模型 Big Transfer(BiT)模型为例,它具有 7.3 亿个参数,使用了 ImageNet-21k 数据集(138 万张图片,21 841 个类别)进行预训练,达到了良好的效果。此外,扩大数据规模也能带来精度提升,例如使用 ILSVRC-2012(128 万张图片,1000 个类别)和 JFT-300M(3 亿张图片,18 291 个类别)两个数据集来训练 ResNet50,精度分别是 77% 和 79%;使用 JFT-300M 训练 ResNet152x4,精度可以上升到 87.5%。

4.1.3　应用场景

目前大模型主要围绕以下多个应用场景进行具体的部署,以使人们的生活更加便捷和智能化。

(1)搜索引擎。现有的搜索引擎仍然局限于信息搜集,人们还需要对搜索引擎呈现的结果进行筛选甄别。由于大规模预训练模型学习了海量数据集的知识,因此大规模预训练问答模型具有替代现有搜索引擎的潜质。比如随着 ChatGPT 的推出,人类只需要提出请求(如对话中的指令),ChatGPT 就会自动完成信息的整合和呈现。

(2)办公和创作。大规模预训练模型可以提高办公的效率,同时为创作者提供可借鉴的想法。现有的大规模预训练模型可以实现自动生成指定文本、语法错误纠正、文字润色以及收集数据等功能,这些功能可以极大地帮助办公人员提高工作效率。同时,如 Visual ChatGPT 等大模型,可实现对图像的编辑和生成,进一步为创作者节省成本。

(3)教育。大规模预训练模型可以提供"启发式"的教学模式,如现有的 ChatGPT 可以支持多轮对话,提供较为准确的回答。因此,这类大模型具备引导提问者更加积极主动地进行思考、发问的潜质。

(4)医疗。大规模预训练模型蕴含大量的知识库,可以帮助医护人员熟悉患者病情并提供解决方案,帮助患者导诊。此外,大规模预训练模型因其具有涌现性,所以可以辅助医学研究。比如,华为云新推出的盘古药物分子大模型,其研究了17亿个小分子的化学结构,可以高效生成药物新分子,计算蛋白质靶点匹配,预测新分子生化属性,并对筛选后的先导药进行定向优化,实现全流程的 AI 辅助药物设计。又如,上海科技大学、上海交通大学等联合推出的 ChatCAD 能够利用大模型广泛而可靠的医学知识来提供交互式的解释和建议,如图 4.5 所示。如此,患者可以更清楚地了解自己的症状、诊断和治疗方案,从而更高效、更具成本效益地咨询医疗专家。

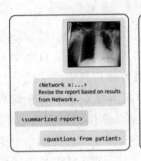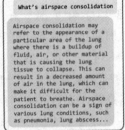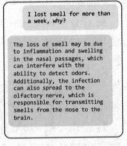

图 4.5　ChatCAD 的效果图

（5）金融。大规模预训练模型可以帮助金融从业者作出决策从而便于风险管理。大规模预训练模型具备较强的数据理解力、图表及图像的生成能力,从而让金融从业者能够快捷、直观和便利地理解风险,同时提升决策能力。

（6）其他。大规模预训练模型正在朝着多应用场景的方向发展,越来越多的大模型被提出用于解决不同实际问题。比如,盘古 CV 大模型利用海量无标注电力数据进行预训练,并结合少量标注样本微调的高效开发模式,推出了针对电力行业的预训练模型;阿里 M6 通过将不同模态的信息进行处理,以提供图文商品检索以及外观设计等应用。

4.2　大型预训练语言模型

大型预训练语言模型是一种利用大量文本数据进行学习的深度神经网络模型,可以捕捉语言的通用知识和规律,从而提高处理自然语言的性能,可以用于文本分类、机器翻译、文本生成等任务。自然语言处理是人工智能领域的一个重要研究分支,主要研究的是通过计算机程序对自然语言进行分析、理解、识别等,被广泛应用于机器翻译、字幕生成、智能问答等多种场景中。自然语言处理的发展历程分为三个阶段。

1. 符号 NLP（20 世纪 50 年代至 20 世纪 90 年代）

早期大多数自然语言处理系统都基于复杂的手写规则集（如 MARGIE、SAM、PAM

等)构建的，计算机通过将这些规则应用于它所面临的数据来模拟 NLP 任务。

早在 1950 年，艾伦·图灵(Alan Turing)就发表了一篇题为"Computing Machinery and Intelligence"的文章，提出了图灵测试可作为智能化的判别标准，其中一项测试涉及自然语言自动解释和生成的任务。在这个时期，世界上最早的聊天机器人 ELIZA 诞生了。该机器人由麻省理工学院 Joseph Weizenbaum 研发，在临床治疗中被用于模仿心理医生，其实现技术是模式以及关键字匹配和置换。虽然它本身并没有形成一套自然语言理解的理论、技术体系，但是却开启了智能聊天机器人的时代，具有启发意义。

2. 统计 NLP(20 世纪 90 年代至 21 世纪 10 年代)

随着计算机性能的提升，产生了用于语言处理的机器学习算法(如决策树)。机器学习范式要求使用统计推理，即通过对典型的真实世界例子的大型语料库进行分析，自动学习规则。在这个时期，许多不同类别的机器学习算法被应用于自然语言处理任务。这些算法将输入数据生成的大量"特征"作为输入，同时，建立统计模型，将实值权重赋予每个输入的特征。这种模型的优点是可以表达许多不同可能答案的相对确定性，产生更可靠的结果。

1981 年，Rollo Carpenter 受到 ELIZA 和它的变体 Parry 的启发，研发了世界第一个语音聊天机器人 Jabberwacky。该机器人主要用于模仿人类的对话，以达到通过图灵测试的目的。1988 年，Robert Wilensky 等研发了名为 UC(UNIX Consultant)的聊天机器人系统，主要目的是帮助用户学习使用 UNIX 操作系统。该机器人通过分析用户需求、操作目标，生成与其对话的内容，并根据用户对 UNIX 系统的熟悉程度进行建模。UC 的出现使得聊天机器人的智能化水平更高。1995 年，同样受到 ELIZA 聊天机器人的启发，Richard Wallace 研制了业界有名的聊天机器人系统 ALICE。ALICE 被认为是同类型聊天机器人中性能较好的。与 ALICE 一同问世的还有人工智能标记语言(Artificial Intelligence Markup Language，AIML)，该语言到目前为止仍被广泛使用在移动端虚拟助手开发中。

3. 神经 NLP(21 世纪 10 年代至今)

表征学习和深度神经网络(CNN、RNN、Transformer)的机器学习方法在 NLP 中得到了广泛应用。深度神经网络通常使用词嵌入捕获单词的语义属性，并增加高级 NLP 任务(如视觉问答、字幕生成等任务)的端到端学习。在典型的深度神经网络中，RNN 很难实现矩阵运算，因此也无法有效地利用 GPU 高效的运算资源；CNN 归纳偏置无法实现前后语料的特征提取；Transformer 结合了 CNN 和 RNN 各自的长处，具有全局表征能力强以及高度并行性等特点，从而促使自然语言处理的大规模预训练模型蓬勃发展，诞生了 GPT 系列和 BERT 等模型，使得 NLP 进入"大型预训练语言模型"阶段。

大型预训练语言模型采用预训练和微调两步走的训练流程，第一步在大规模无标注数据(如互联网文本)上进行模型预训练，学习通用的语言模式；第二步在给定自然语言处理任务的小规模有标注数据上进行模型微调，快速提升模型完成这些任务的能力，最终形成可部署应用的模型。近年来，大型预训练语言模型参数量、数据集大小以及计算量都有了飞速的提升。

（1）在模型参数量方面。2018 年 BERT 参数量为 3.3 亿，2019 年谷歌提出的 T5 模型参数量为 110 亿，2020 年 OpenAI 提出的 GPT-3 模型参数量为 1750 亿，2021 年谷歌提出的计算机视觉 Gopher 模型参数量为 2800 亿，2021 年谷歌提出的 Switch Transformer 模型参数量达到了 1.6 万亿，同时，斯坦福大学提出的 GLaM 模型也有 1.2 万亿的参数量。由此可以看出近年来模型参数量正在飞速增长。

（2）在数据集大小方面。近年来，随着大规模预训练模型的发展，数据集也随之扩大规模。如 OpenAI 发布的大规模文本数据集 WebText，包含超过 800 万个文档。这个数据集被用于训练自然语言生成模型，如 GPT-2 和 GPT-3。又比如，由一群志愿者维护的大规模网络数据集 Common Crawl，包含超过数亿个网页。这个数据集被用于训练自然语言处理模型，如 BERT 和 GPT 等。此外，由谷歌发布的大规模代码数据集 Google CodeSearchNet，包含大约 600 万个代码片段，涵盖了多种编程语言，被广泛应用于与代码相关的任务中。

（3）在计算量方面。BERT-base 模型的计算量约达 34 亿 FLOPS，GPT-1 模型的计算量约为 45 亿 FLOPS。尽管模型的计算量受到多种因素的影响，但随着大规模预训练模型的参数量及复杂度的提高，模型的计算量也会随之快速增长。

在这个时期，智能手机的兴起使聊天机器人的应用更加广泛，出现了 Siri、Google Now、Alexa 和 Cortana 等一系列被大家所熟知的手机助手机器人。而随着市场需求的变化，越来越多的团队开始构建服务型聊天机器人系统，其中代表性的产品有 Wit.ai、Api.ai、Luis.ai 等。在 NLP 大模型发展的浪潮中，ChatGPT 聊天机器人在海量的文本数据上进行预训练，可以对自然语言输入产生类似人类的回答，具有回答后续问题、承认错误、拒绝不适当的提问的能力。ChatGPT 一经推出，便引起了全世界人们的广泛关注，迅速成为史上用户量增长最快的消费级应用程序，被评为"目前最为先进的聊天机器人"。

4.3 GPT-1

GPT（Generative Pre-trained Transformer）系列是由 OpenAI 提出的大规模预训练模型，这一系列的模型在 NLP 和 CV 领域相关任务中取得了非常惊艳的效果，可以应用于文章生成、代码生成、机器翻译、VQA 等。如表 4.1 所示，GPT 系列模型发展史如下：

（1）2018 年，OpenAI 基于 Transformer 提出了 GPT-1。

（2）2019 年，OpenAI 推出了 GPT-1 的升级版 GPT-2。

（3）2020 年，OpenAI 推出了 GPT-3。

（4）2022 年，OpenAI 推出了 ChatGPT。

（5）2023 年，OpenAI 推出了 GPT-4。

表 4.1　GPT 系列模型发展史

模　　型	发布时间	参数量	预训练数据集
GPT-1	2018 年 6 月	约 1.17 亿	约 5 GB
GPT-2	2019 年 2 月	约 15 亿	约 40 GB
GPT-3	2020 年 5 月	约 1750 亿	约 570 GB
ChatGPT	2022 年 11 月	—	—
GPT-4	2023 年 3 月	—	—

GPT-1 是 OpenAI 在 2018 年推出的，模型参数量约为 1.17 亿。GPT-1 先通过未标注的数据训练出一种生成式语言模型，再根据特定的下游任务进行微调，将无监督学习作为有监督模型的预训练目标。微调后的 GPT-1 系列模型的性能均超过了当时针对特定任务训练的领先模型。它可以很好地完成若干下游任务，包括文本分类、语义相似度分析、问答等。

4.3.1　GPT-1 的结构

GPT-1 只使用了 Transformer 的解码结构，而且只使用了掩码多头注意力机制，如图 4.6 所示。由于掩码多头注意力机制只利用上文对当前位置的值进行预测，所以 GPT-1 是单向的语言模型。

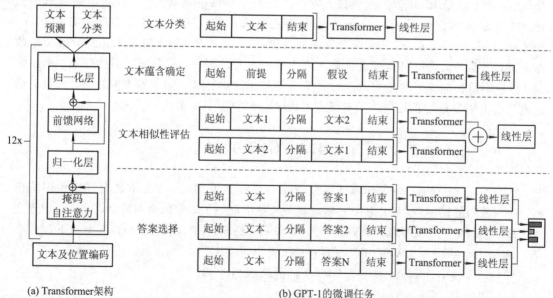

图 4.6　GPT-1 使用的 Transformer 架构及 GPT-1 的微调任务

4.3.2　GPT-1 的数据集及参数量

GPT-1 使用了 BooksCorpus 数据集，这个数据集包含 11 000 多本书籍。该数据集拥有更长的上下文，使得模型能习得更长期的依赖关系；同时数据集中的部分书籍内容因为没有出版，所以很难在下游数据集中见到，这更能验证模型的泛化能力。

GPT-1 保留了解码器的掩码多头注意力层和前馈层，并扩大了网络的规模：将层数扩展到 12，将注意力的维数扩大到 768(原来为 512)，将注意力的头数增加到 12(原来为 8)，将前馈层的隐藏层维数增加到 3072(原来为 2048)，总参数量约达到 1.17 亿。

4.3.3　GPT-1 的预训练

在预训练部分，GPT-1 将语言建模任务作为训练目标，即根据已知的词预测未知的词。若给定一个语料的句子序列 $U=\{u_1, u_2, \cdots, u_n\}$，用 u 表示每一个词(token)，当设置窗口长度为 k 时，任务可以表示为：预测句中的第 i 个词时，使用第 i 个词之前的 k 个词。另外，也可以根据参数 Θ，来预测第 i 个词。语言模型的优化目标是最大化似然值 $L_1(u)$，即

$$L_1(u) = \sum \log P(u_i \mid u_{i-k}, u_{i-k+1}, \cdots, u_{i-1}; \Theta) \qquad (4-1)$$

其中，P 是条件概率，可根据下式计算：

$$P(u) = \mathrm{Softmax}(\boldsymbol{h}_n \boldsymbol{W}_e^{\mathrm{T}}) \qquad (4-2)$$

其中，$\boldsymbol{h}_n$ 和 $\boldsymbol{W}_e^{\mathrm{T}}$ 分别有如下关系式：

$$\boldsymbol{h}_l = \mathrm{Transformer\_block}(\boldsymbol{h}_{l-1}) \quad \forall l \in [1,n] \qquad (4-3)$$

$$\boldsymbol{h}_0 = \boldsymbol{U} \boldsymbol{W}_e + \boldsymbol{W}_p \qquad (4-4)$$

其中，U 表示词向量；$\boldsymbol{W}_p$ 是位置的嵌入矩阵；$\boldsymbol{W}_e$ 是词嵌入矩阵，$\boldsymbol{W}_e^{\mathrm{T}}$ 为 $\boldsymbol{W}_e$ 的转置；Softmax 表示 Softmax 激活函数；Transformer_block 代表 Transformer 解码器结构；l 代表解码器层数；$\boldsymbol{h}_0$ 表示输入，$\boldsymbol{h}_l$ 表示第 l 层的输出，$\boldsymbol{h}_n$ 表示解码器最后一次的输出。

4.3.4　GPT-1 的微调

当得到预训练模型之后，使用有监督方法对模型参数进行微调，以适应当前的监督任务，即对于一个有标签的数据集 C，给定输入序列 $\{x_1, x_2, \cdots, x_m\}$ 具有 m 个词，预测其标签 y。

首先将这些词输入预训练模型中，得到最终的特征向量 $\boldsymbol{h}_l^m = [h_l^1, h_l^2, \cdots, h_l^m]$，$h_l^i$ 对应输入序列 x_i 的嵌入。再将特征向量及权重输入全连接层和 Softmax 函数中进行标签概率预测，即

$$P(y \mid x_1, x_2, \cdots, x_m) = \mathrm{Softmax}(\boldsymbol{h}_l^m \boldsymbol{W}_y) \qquad (4-5)$$

其中，W_y 为全连接层的参数。有监督微调的时候也要考虑预训练的损失函数 L_1，所以最终

需要优化的函数 $L_3(C)$ 为

$$L_3(C) = L_2(C) + \lambda L_1(C) \tag{4-6}$$

$$L_2(C) = \sum_{x,y} \log P(y \mid x^1, x^2, \cdots, x^m) \tag{4-7}$$

GPT-1 可以处理 4 个不同的任务(文本分类任务、文本蕴含确定任务、文本相似性评估任务和答案选择任务),这些任务有的只有一个输入,有的则有多个输入。如图 4.6 所示,对于不同的输入,GPT-1 有不同的处理方式。比如针对文本分类任务,将起始和结束词加入原始序列两端,并输入 Transformer 中,从而得到特征向量,再经过线性层即可得到预测的类别概率分布。文本蕴含确定任务是给定一段文本和假设文本,分析这段文本中是否蕴含假设文本所提出的内容。比如给定文本为"A 善于帮助周围的人",假设文本为"A 是个友善的人",那么则说明给定文本支持假设文本。GPT-1 执行文本蕴含确定任务时,首先在起始和结束词中依次加入前提文本、分隔符号(将前提文本和假设文本分离)和假设文本组成序列,然后再将序列输入 Transformer 中进行判断。文本相似性评估任务的目的在于判断两端输入文本是否相似。GPT-1 执行文本相似性评估任务时,需要输入两个序列。第一个序列在起始和结束词中依次加入文本 1、分隔符号和文本 2,第二个序列在起始和结束词中依次加入文本 2、分隔符号和文本 1,然后再将两个序列输入 Transformer 中进行分析。针对答案选择任务,GPT-1 需要从多项答案中选出最符合输入文本的选项。在这个任务中,首先需要对 N 个答案构造 N 个序列,每个序列在起始和结束词中依次加入文本、分隔符号和答案文本;然后将每一个序列输入 Transformer 网络,对每一个序列进行计算;最后经过线性层后则可以得到每个答案为正确答案的置信度。

4.3.5 GPT-1 的优势及局限性

GPT-1 在 9 个数据集(QNLI、MNLI、SNLI、SciTail、Story Cloze、RACE、CoLA、STSB、QQP)上的表现超过了专门训练的有监督的先进模型。由于采用了预训练,GPT-1 模型在不同的 NLP 任务(如问题回答、模式解决、情绪分析等)中的零样本性能有所改进。GPT-1 模型显示了生成式预训练的强大之处,并为其他模型开辟了道路,表明 GPT-1 模型可以通过更大的数据集和更多的参数充分释放潜力。但由于 GPT-1 的训练数据集来源于书籍,因此缺乏数据的广泛性,模型知识也不是很丰富。另外 GPT-1 的泛化性不足,在一些任务上性能表现会下降。

4.4 BERT

BERT 是一个预训练的语言模型,相对于 GPT-3,它凭借双向 Transformer 编码器,可以同时考虑输入左右两侧的上下文信息,从而更好地理解文本的含义和结构。

4.4.1 BERT 的结构

BERT 的全称为"Bidirectional Encoder Representation from Transformers"。BERT 是谷歌研究人员于 2018 年发布的一个预训练的语言模型。BERT 当时成功地在 11 项 NLP 任务中取得优异的表现，赢得了自然语言处理学界的广泛赞誉。BERT 模型利用掩码语言模型（Masked Language Model，MLM）进行预训练并且采用深层的双向 Transformer 来构建，因此最终生成能融合左右及上下文信息的深层双向语言表征，如图 4.7 所示。图中 E 表示词编码，Trm 表示为 Transformer 模型，T 表示输出，箭头指引表示信息的传递。由图可以看出 BERT 模型比 GPT 模型融合了更丰富的左右及上下文信息。

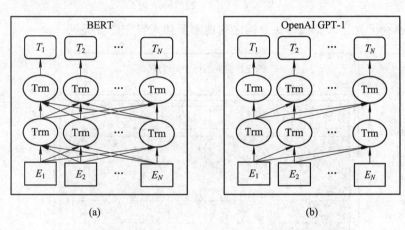

图 4.7　BERT 和 GPT-1 预训练模型架构的差异

1. 编码

BERT 这里的编码嵌入由三种编码求和而成，如图 4.8 所示。第一种编码是对每一个词进行的词向量编码，第一个词作为 CLS 标志，可以用于之后的文本分类任务。第二种编码是分割编码，即为每一个词都添加一个可学习的分割编码来指示该词属于句子 A 还是句子 B。第三种编码是位置编码。图 4.8 中，BERT 的输入是两个句子："my dog is cute""he likes playing"。首先在第一句开头加上 [CLS]，用于标记句子开始，用 [SEP] 标记句子结束。然后再添加分割编码和位置编码。

2. BERT 的输出

Transformer 的特点就是输入和输出的个数相等，如图 4.9 所示。C 为分类词（[CLS]）对应最后一个 Transformer 的输出，T_i 则代表其他词对应最后一个 Transformer 的输出。对于一些词级别的任务（如序列标注和问答任务），就把 T_i 输入额外的输出层中进行预测。对于一些句子级别的任务（如自然语言推断和情感分类任务），就把 C 输入额外的输出层

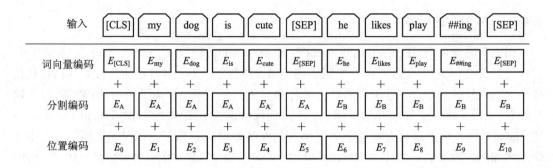

图 4.8　BERT 的编码示例

中。这也就解释了为什么要在每一个词序列前都要插入特定的分类词。

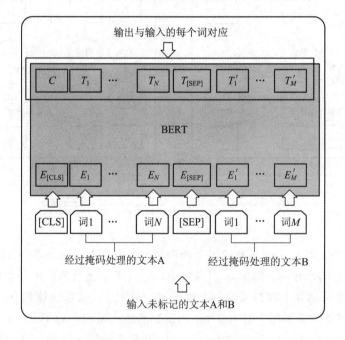

图 4.9　BERT 的输入及输出示例

4.4.2　BERT 的数据集及参数量

BERT 模型的训练数据集来源于大型语料库 Wikipedia 和 BooksCorpus。BERT 具有两种架构类型，其参数量如表 4.2 所示。

表 4.2　BERT 参数量

架构类型	Transformer 层数	隐藏层维数	注意力头数	参数量
BERT-base	12	768	12	1.1 亿
BERT-large	24	1024	16	3.4 亿

4.4.3　BERT 的预训练

BERT 利用大规模文本数据的自监督学习来构建两个预训练任务，分别是掩码语言模型(Masked Language Model，MLM)和下一句预测(Next Sentence Prediction，NSP)。

1. 掩码语言模型

MLM 通过屏蔽(隐藏)句子中的单词并迫使 BERT 双向使用覆盖单词两侧的单词来预测被屏蔽的单词，从而实现强制从文本中进行双向学习。比如：

I just wanted to send an [Mask], but the network crashed.

简单来说，MLM 就是以 15％的概率用 mask 词([MASK])随机地对每一个训练序列中的词进行替换，然后预测出[MASK]位置原有的单词。该策略令 BERT 对所有的词都敏感，以致能抽取出任何词的表征信息。

2. 下一句预测

由于 MLM 任务倾向于抽取词层面的表征，不能直接获取句子层面的表征，因此，BERT 使用了 NSP 任务来预训练，用于通过预测给定句子是否遵循前一个句子的逻辑来帮助 BERT 了解句子之间的关系。如下面的例子：

A：(1) Richard went to the restaurant. (2) He ordered a hot pot.

B：(1) She goes to work by motorcycle. (2) A new coffee shop opened.

在这个训练过程中，在语料库中挑选出句子(1)和句子(2)来组成，50％的概率句子(2)就是句子(1)的下一句(标注为 IsNext)，剩下 50％的概率句子(2)是语料库中的随机句子(标注为 NotNext)。接下来把训练样例输入 BERT 模型中，用[CLS]对应的 C 信息去进行二分类的预测。结果 A 是正确的句子对，而 B 不是。

4.4.4　BERT 的微调

图 4.10 显示了针对不同任务的 BERT 微调过程。针对不同任务的特定模型是将 BERT 模型与一个额外的输出层结合在一起形成的，因此仅需要学习较少数量的参数。在图 4.10 所示四个任务中，图(a)和图(b)所示是序列级任务，而图(c)和图(d)所示是词级别任务，其中[SEP]是分隔非连续词序列的特殊符号。图 4.10(a)所示是句对分类任务，该任务与 GPT-1 的文本蕴含确定任务相同，首先给定前提(文本 A)和假设(文本 B)，让模型判断由给定前提能否推出假设，模型最终的输出有 true(是)、false(否)或 unknown(不确定)

三种类型。图 4.10(b)所示是单句分类任务，该任务要求模型对输入的文本直接输出类别。图 4.10(c)所示是问答任务，在该任务中，问题的答案就在输入的文本中。因此，输入给定文本和问题，模型计算出答案所在的位置，最终输出一个答案片段，这个片段由开始位置和结束位置标记。图 4.10(d)所示是单句标注任务，该任务要求模型对输入的文本的每个词输出其对应的类别。

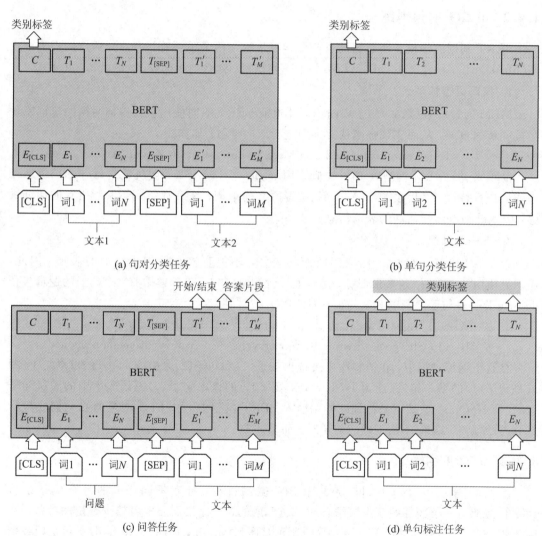

图 4.10　BERT 的微调任务

4.4.5 BERT 的优势及局限性

BERT 使用大规模数据集进行训练，采取"预训练–微调"的模式。它的结构建立在 Transformer 之上，拥有强大的语言表征能力和特征提取能力，同时它允许双向的语言处理，并构建两种训练任务来获取词级别和序列级别的语义表征。为了适用于多任务下的迁移学习，BERT 设计了更通用的输入层和输出层，使得微调成本更小。而 BERT 的局限性表现在训练的过程中，每个批次只有 15% 的词被预测，所以 BERT 收敛速度较慢。同时 [MASK] 标记在实际预测中不会出现，训练时用过多的 [MASK] 影响模型表现。

4.5 GPT-2

GPT-2 的目标旨在训练一个泛化能力更强的词向量模型，即用无监督的预训练模型做有监督的任务，它使用了更大的数据集并向模型中添加了更多参数，从而得到了更强大的语言模型。GPT-2 的开发者认为，当模型的容量非常大且数据量足够时，仅仅靠训练语言模型的学习便可以完成其他有监督学习的任务。因此，GPT-2 不再针对不同任务分别进行微调建模，即不定义这个模型应该做什么任务，因为模型会自动识别出来需要做什么任务。

1. GPT-2 的结构

GPT-2 的结构基本与 GPT-1 保持一致，仍然使用单向的 Transformer 模型，只做了一些局部修改，如在最后一个自注意力块之后加了一层归一化操作。

2. GPT-2 的数据集及参数量

为了创建一个广泛且高质量的数据集，开发者抓取了 Reddit 平台并从点赞量高的文章的出站链接中提取数据，生成了名为 WebText 的数据集。该数据集包含超过 800 万份文档，共约 40 GB 的文本数据，用于训练 GPT-2。与用于训练 GPT-1 模型的 Book Corpus 数据集相比，该数据集规模更加庞大。GPT-2 训练了 4 组有不同的层数和词向量长度的模型，具体

表 4.3 GPT-2 训练的不同模型

参数量	层数	词向量长度
约 1.17 亿	12	768
约 3.45 亿	24	1024
约 7.62 亿	36	1280
约 15.42 亿	48	1600

值见表4.3。实验结果证明，随着模型的层数和词向量长度的增大，模型在多种任务中的表现和鲁棒性是不断提升的。

3. GPT-2 的学习

和 GPT-1 相同，GPT-2 模型的核心依旧是语言模型。但 GPT-2 旨在使用相同的无监督模型学习多个任务，而不再进行微调。对于 GPT-1，其学习目标可以写为 P (output|input)。其中，input 表示输入，output 表示输出。GPT-2 对 P(output|input)进行

修改,这种修改称为任务调节(Task Conditioning),以期模型对不同任务(task)的相同输入产生不同的输出,可以写为 $P(\text{output}|\text{input}, \text{task})$。

在训练的过程中,多任务学习共享参数更新,最终使用训练好的模型,在 Zero-Shot 情况下完成多任务。

4. 优势及局限性

GPT-2 收集了一个大语料库 WebText,同时验证了通过海量数据和大量参数训练出来的模型可以迁移到其他任务中而不需要额外的训练。GPT-2 表明随着模型容量和数据量的增大,大语言模型的潜能还有进一步提升的空间,这为后续的模型发展奠定了基础。然而,GPT-2 并未充分挖掘无监督学习的潜能,因此后续许多大模型也主要围绕无监督学习的方法进行改进。

4.6 GPT-3

GPT-3 的数据规模、参数规模都比 GPT-2 大 100 倍,同时 GPT-3 在多个任务中表现优异。GPT-3 在很多非常困难的任务中也有惊艳的表现,例如撰写出与人类撰写的文章难以区别的文章,甚至编写代码等。GPT-3 依然延续了此前 GPT-2 的基本结构。

1. GPT-3 的结构

GPT-3 的结构整体与 GPT-2 相似,与 GPT-2 的主要区别是:GPT-3 有 96 层,每层有 96 个注意头;GPT-3 的单词嵌入大小增加到了 12 888;GPT-3 的上下文窗口大小从 GPT-2 的 1024 增加到了 2048;GPT-3 采用了交替密度和局部带状稀疏注意模式。

2. GPT-3 的数据集及参数量

GPT-3 具有约 1750 亿的参数量以及约 570 GB 的训练数据。GPT-3 在 5 个不同的语料库上进行了训练,分别是低质量的 Common Crawl,高质量的 WebText2、Books1、Books2 和 Wikipedia。GPT-3 对不同质量的数据集赋予了不同的权值,权值越高的数据集在训练的时候越容易被抽样。高质量的数据集会被更频繁地采样,并且模型在这些数据集上训练了不止一个周期。

3. GPT-3 的学习

GPT-3 仍延续了 GPT-2 的思路及训练方式,同样认为移除微调是必要的。因此 GPT-3 采用情境学习(In-Context Learning, ICL)的方式学习下游任务,同时提供容量足够大的 Transformer 的大型语言模型。

ICL 指在不进行参数更新的情况下,只在输入中加入几个示例就能让模型进行学习。ICL 认为在给定几个任务示例或一个任务说明的情况下,模型应该能通过简单预测补全任务中其他的实例,即 ICL 要求预训练模型对任务本身进行理解。

下面以模型无关元学习（Model-Agnostic Meta-Learning，MAML）算法为例对 ICL 的学习过程进行介绍。元学习是将一个个任务打包成批次，每个批次分为支持集（Support Set）和质询集（Query Set），类似于学习任务中的训练集和测试集。MAML 的核心思想是通过不断迭代支持集和质询集子任务来更新模型的参数，以便模型能够快速适应新任务。这种方法可以减少针对每个新任务进行大量训练和调整模型参数的时间和计算成本，提高模型的泛化能力和适应性。MAML 可以应用于各种深度学习模型和任务中，包括图像分类、目标检测、自然语言处理等。

MAML 算法的基本流程如下：

（1）从支持集中采样出若干个子任务，每个子任务包含一些训练数据和一些测试数据。

（2）针对每个子任务，用当前模型在支持集上进行训练，并对质询集进行评估，得到该任务的损失值。

（3）将得到的损失值作为梯度的反向传播，更新模型的参数，使模型能够更好地适应当前任务。

（4）从质询集中取出所有子任务进行前向传播并对模型性能进行评价，但不更新模型。

（5）对（2）中每个子任务的损失进行求和，对模型计算梯度，进行梯度下降并更新模型。

（6）用新的模型在支持集和质询集中再次进行训练和测试，不断迭代更新模型，直到模型的性能达到预期水平为止。

MAML 的迭代涉及两次参数更新，分别是内循环（Inner Loop）和外循环（Outer Loop）。内循环是根据任务标签快速地对具体的任务进行学习和适应，而外循环则是对元数据初始化进行更新，具体而言，对一个网络模型 f，其参数表示为 θ，它的初始值叫作元数据初始化（Meta-Initialization）。假设用一组元数据初始化去学习多个任务，如果每个任务的表现都比较优异，则说明这组元数据初始化是一个不错的初始化值，否则就对这组值进行更新。

GPT-3 中的情境学习就是元学习的内循环，基于语言模型的 SGD 则是外循环，如图4.11 所示。

GPT-3 的情境学习三种分类的定义和示例如下：

（1）小样本学习（Few-Shot Learning）。

定义：允许输入数条范例和一则任务说明。

示例：向模型输入"这个任务要求将英文翻译为中文。language->语言，express->表达，dessert->甜品，tree->"，要求模型预测下一个输出应该是什么，正确答案应为"树"。

（2）一次学习（One-Shot Learning）。

定义：只允许输入一条范例和一则任务说明。

示例：向模型输入"这个任务要求将英文翻译为中文。language->语言，tree->"，要求模型预测下一个输出应该是什么，正确答案应为"树"。

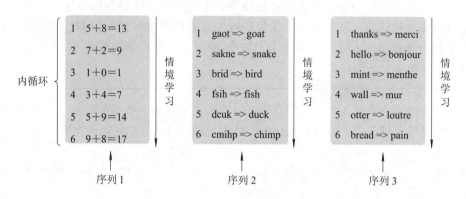

图 4.11　语言模型元学习过程

（3）零样本学习（Zero-Shot Learning）。

定义：不允许输入任何范例，只允许输入一则任务说明。

示例：向模型输入"这个任务要求将英文翻译为中文。tree->"，要求模型预测下一个输出应该是什么，正确答案应为"树"。

实验结果表明，三种学习方式得到的模型准确率都会随着模型大小的增加而上升，且小样本学习的效果优于一次学习的效果，零样本学习的效果最差。

4. 优势及局限性

GPT-3 超过了绝大多数的零样本学习或者小样本学习的先进方法，同时在多种任务中取得了优异的表现，如进行数学加法、文章生成、编写代码等。GPT-3 为下游各种类型的 NLP 任务提供了非常优秀的词向量模型，在此基础上 GPT-3 必将落地更多有趣的 AI 应用，为后续大模型的发展起到推动作用。尽管 GPT-3 能够生成高质量的文本，但有时它会在生成长句子时失去连贯性，并一遍又一遍地重复文本序列。同时，由于 GPT-3 庞大的结构，因此它具有推理复杂、成本高昂、语言的可解释性较差等缺点。此外，由于训练语言的影响，它的回答可能具有性别、民族、种族或宗教偏见。

4.7　ChatGPT

与 GPT-3 相比，ChatGPT 的性能有显著提升，能以不同样式、不同目的生成文本，并且在准确度、叙述细节和上下文连贯性上具有更优的表现。它支持连续多轮对话，会主动承认自身错误并且优化答案。ChatGPT 基于最初的 GPT-3 模型，但为了解决模型的不一致问题，它使用了人类反馈来指导学习过程，对模型进行了进一步训练。

1. ChatGPT 的基本结构

ChatGPT 是由 OpenAI 公司于 2022 年发布的，是一个基于 Transformer 的大型的 GPT 模型，它比 GPT-2 和 GPT-3 要复杂得多，通过 API 可以在资源受限的环境下运行，因此更加适合部署在移动设备、嵌入式设备等边缘设备上。

2. ChatGPT 的学习过程

ChatGPT 使用了人类反馈强化学习(RLHF)方法进行学习(如图 4.12 所示)。该方法总体上包括三个不同步骤：

(1) 收集数据，利用自监督方法对模型进行调整；

(2) 收集对比数据，用于学习生成奖励模型；

(3) 利用强化学习来优化策略。

该方法的详细介绍见 8.3 节。

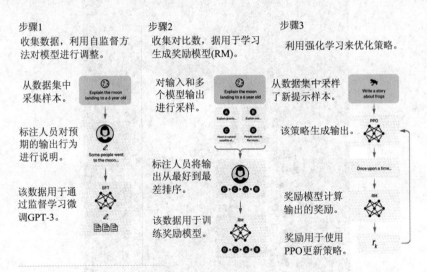

图 4.12 ChatGPT 的学习过程

3. 优势及局限性

尽管 ChatGPT 相对此前 GPT 系列的模型而言，性能有了飞速的提升，在诸多场景中有巨大应用价值，引起了整个社会的讨论，但它也并不是"完美"的。1.4 节已经对 ChatGPT 的优势与缺陷进行了总结，这里不再赘述。

4.8 GPT-4

OpenAI 于 2023 年 3 月 15 日发布了 GPT-4。GPT-4 是一个多模态模型，虽然在很多现实场景中，GPT-4 的能力不如人类，但在许多专业和学术评测中，它展示了可与人类相媲美的表现，比如在模拟的律师资格考试中，它的得分排名前 10%。

4.8.1　GPT-4 的基本信息

　　GPT-4 是一个多模态大模型，支持图像和文本输入，输出文本，如图 4.13 所示。与 ChatGPT 相同，GPT-4 使用了人类反馈的强化学习（RLHF）方法对模型行为进行微调。目前，GPT-4 的具体模型结构、数据集构造、训练方法等细节尚未公布，只知道它的参数量达到了 1000 亿，是 GPT-3 的两倍，并且在一个大型的代码标记数据集上表现优异。

图 4.13　GPT-4 的展示图

4.8.2 GPT-4 的亮点

1. 可预测扩展的深度学习堆栈

GPT-4 的一个重点技术是构建一个可预测扩展的深度学习堆栈（Deep Learning Stack）。构建该堆栈的主要原因是对于像 GPT-4 这样非常大的模型来说，在它进行训练时，直接进行大量的模型调优是不可行的，会导致计算成本极为昂贵。为了解决这个问题，研发人员开发了在多个尺度上可进行预测行为的基础设施（Infrastructure）和优化方法。这些改进使开发团队可以从小模型中可靠地预测 GPT-4 性能。

2. 模型辅助安全流程

与之前的 ChatGPT 模型一样，GPT-4 使用人类反馈强化学习（RLHF）方法对模型行为进行微调，以生成更符合用户意图的回应。然而，用 RLHF 训练之后，对于不安全的输入，模型可能变得脆弱，而且对于安全和不安全的输入，模型都可能出现超出预期的行为。这些行为的产生可能是因为在 RLHF 流程中的奖励模型数据收集部分对标注人员的指示不够明确，当给出不安全的输入时，模型可能生成不受欢迎的内容，例如提供犯罪建议；此外，拒绝无害的请求或过度回避等行为的产生可能是因为模型在安全输入上过于谨慎。

为了在更细粒度层面引导模型做出适当的行为，开发人员提出了安全方法，该方法在很大程度上将模型本身作为工具。安全方法包括两个主要部分，即一个额外的与安全相关的 RLHF 训练提示集合以及基于规则的奖励模型（RBRM）。基于规则的奖励模型（RBRM）是一组零样本学习的 GPT-4 分类器。在 RLHF 微调期间，这些分类器为 GPT-4 策略模型提供额外的奖励信号，以使模型做出正确的行为，如拒绝生成有害内容或不拒绝无害请求。

RBRM 的训练流程如下。首先，RBRM 接收三个输入：提示（可选）、GPT-4 模型的输出和人工设计的模型安全规则。然后，RBRM 根据标准对 GPT-4 模型的输出进行分类，例如，开发者提供一个标准，指示模型将响应分类为期望风格的拒绝、不期望风格的拒绝（例如，逃避或语无伦次）、包含不允许的内容和安全的非拒绝响应。最后，在一组与安全相关的训练提示上对模型进行训练，并奖励 GPT-4 拒绝回答这些有害内容，例如非法建议。因此，上述安全方法可以使得 GPT-4 不拒绝请求，将模型引导得更接近期望的行为。

3. 优势及局限性

GPT-4 吸引了许多国际企业和新创公司的关注并得到了一些应用，具有多个方面的优势。它可以处理更多的输入数据，包括图片和长文本（超过 25 000 个单词的文本）。GPT-4 可以接受图像作为输入，完成说明、分类和分析，是 GPT 系列对图像处理的一大进步。它可以生成更高质量和更有创意的文本，包括歌词、创意文本且风格多变等。它具有更高级的推理能力，比如解决数学问题、逻辑推理、常识判断等。它可以更好地符合人类的价值观和道德标准，避免产生不合适或不安全的内容。GPT-4 的性能优越，比如在一系列传统的

NLP 基准测试中，GPT-4 的表现超过了前文介绍的大型语言模型和大多数先进的系统。在 MMLU 基准测试(一个涵盖 57 个主题的英语多项选择题)中，GPT-4 不仅在英语方面大幅度超过现有模型，而且在其他语言方面也表现出强大的性能。在 MMLU 的翻译版本中，GPT-4 在 24 种语言任务方面的表现均优于其他语言模型。

但正如 OpenAI 强调的，GPT-4 目前仍是并不完美的模型，其能力远不如人类。GPT-4 仍有许多局限性，如需要大量的计算资源和数据、无法处理一些特定领域的输入和输出(如语音、视频等)、具有社会偏见、会出现幻觉和对抗性提示等。

第5章 人工智能基础大模型

得益于巨大的参数量、Transformer 机制以及预训练与微调学习方式，基于 Transformer 的大模型能够更好地理解上下文信息、处理长距离依赖关系。这些特点使得基于 Transformer 的大模型成为处理自然语言和图像等复杂任务的强大工具，并应用于多个领域，推动了自然语言处理、语音识别、图像处理和推荐系统等领域的发展。因此，本章对目前国内外经典和先进的基于 Transformer 的大模型的相关技术原理、特点以及应用进行简单介绍。

5.1 谷歌的 ViT-22B 视觉大模型

谷歌于 2023 年 4 月 6 日发布了截至当时最大的视觉 Transformer 模型，名为 ViT-22B，其包含 220 亿参数。该模型是对视觉 Transformer 模型的扩展，其视觉感知力接近人类的视觉感知力，可以实现图像分类、图像分割、单目深度估计等任务，如图 5.1 所示。研究人员通过对原始 Transformer 模型架构进行微小但关键的修改后，实现了更高的硬件利用率和训练稳定性，从而在多个任务上提高了模型的上限性能。

具体而言，和传统视觉 Transformer 架构相比，ViT-22B 的核心技术为 Transformer 并行层设计、Query/Key（QK）归一化、偏置项修改、异步并联线性运算。其中异步并联线性运算用来提高模型的运算效率和训练的稳定性。这四个核心技术具体如下。

1. 并行层设计（Parallel layers）

与标准 Transformer 中顺序执行 Attention 和 MLP 不同，Vit-22B 并行执行注意力（Attention）层和多层感知器（MLP）层的公式如下：

$$y' = \text{LayerNorm}(x) \tag{5-1}$$

$$y = x + \text{MLP}(y') + \text{Attention}(y') \tag{5-2}$$

这使得 ViT-22B 通过结合 MLP 层和注意力层的线性投影来实现额外的并行化，如图 5.2 所示。其中，用于注意力层中的 Query（Q）、Key（K）、Value（V）计算的矩阵乘法和 MLP 层中的第 1 个线性层被融合到一个单独的操作中；用于注意力层中的输出投影和 MLP 层

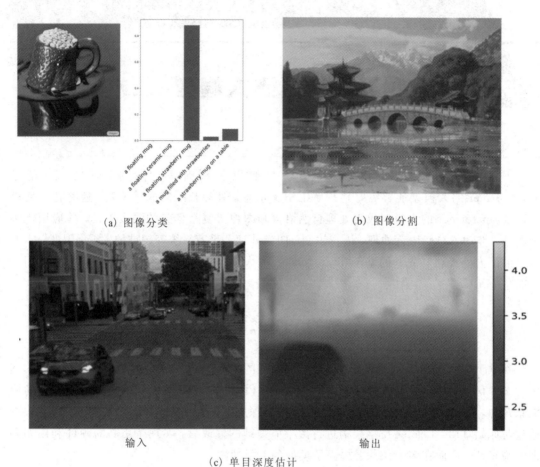

(a) 图像分类　　　　　　　　　　　　(b) 图像分割

输入　　　　　　　　　　　　　输出

(c) 单目深度估计

图 5.1　ViT-22B 可实现的任务

中的第 2 个线性层也被融合到一个单独的操作中。这种方法最初是由 PaLM 提出的，该技术在不降低性能的情况下使最大模型的训练速度提高了 15%。

2. Query/Key(QK)归一化

在扩展 ViT 的过程中，研究人员在 80 亿参数量模型的训练过程中观察到，在训练几千步个 epoch 后训练损失开始发散(divergence)，主要是因为注意力的数值过大引起训练过程不稳定，产生零熵的注意力权重。为了解决这个问题，研究人员利用 PaLM 模型，将 LayerNorm 应用于 Attention 中 Query 和 Key 的计算过程，具体可以写成下式：

$$\mathrm{softmax}\left[\frac{1}{\sqrt{d}}\mathrm{LN}(\boldsymbol{XW}^{\mathrm{Q}})(\mathrm{LN}(\boldsymbol{XW}^{\mathrm{K}}))^{\mathrm{T}}\right] \tag{5-3}$$

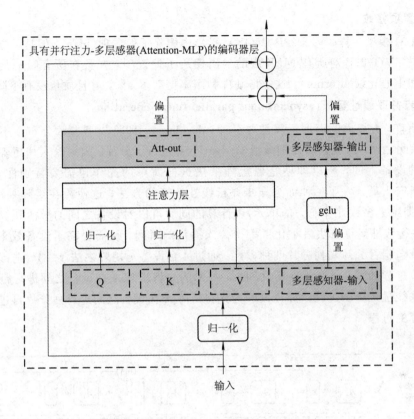

图 5.2　具有 QK 归一化的并行 Vit-22B 层

式中，d 是 Query/Key 的维度，X 是输入，LN 代表层归一化，$\boldsymbol{W}^Q$ 和 $\boldsymbol{W}^K$ 分别是 Query 和 Key 的权重矩阵。Query/Key 归一化对 8B 参数模型的影响如图 5.3 所示。从图中可以看出，归一化防止了注意力矩阵的值不受控的异常而导致的训练发散。

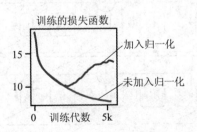

图 5.3　Query/Key 归一化对 8B 参数模型的影响

3. 偏置项修改

和 PaLM 模型一样，ViT-22B 从 QKV 投影中删除了偏置项（bias）。但是，与 PaLM 模型不同的是，ViT-22B 对所有 MLP 层的输出使用了偏置项，并且在所有归一化层中都没有偏置项和中心化（centering），这使得硬件利用率提高了 3%，并且质量没有下降。

4. 异步并联线性运算（asynchronous parallel linear operations）

通常而言，大规模的模型运算需要分片（sharding），即将模型参数分布在不同的计算设备中，除此之外，研究人员还把激活（activations）进行了分片。因为输入和矩阵本身都是分布在各种设备上的，所以即使是像矩阵乘法这样简单的操作也需要特别注意。因此，ViT-22B 研究人员开发了一种称为异步并行线性运算的方法，这使得在矩阵乘法单元（在 TPU 中占据绝大多数计算能力的单元）中计算的同时可以对设备之间的激活和权值进行通信。异步并行线性运算方法最小化了等待传入通信的时间，从而提高了设备效率。异步并联线性运算包括行分片和列分片两种方式。通过 4 台设备对矩阵乘法 $y = Ax$ 进行重叠通信的并行运算过程如图 5.4 所示。其中，图 5.4(a) 为先将矩阵 A 在设备之间进行行分片再进行异步并联线性运算的过程，图 5.4(b) 为先将矩阵 A 在设备之间进行列分片再进行异步并联线性运算的过程。

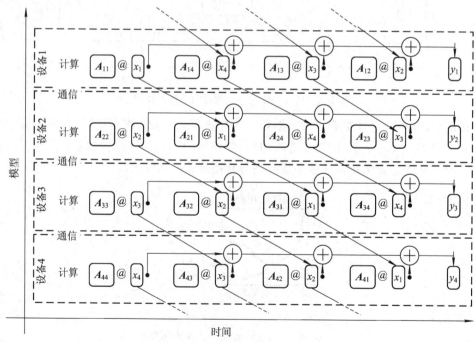

(a) 矩阵 A 在设备之间进行行分片

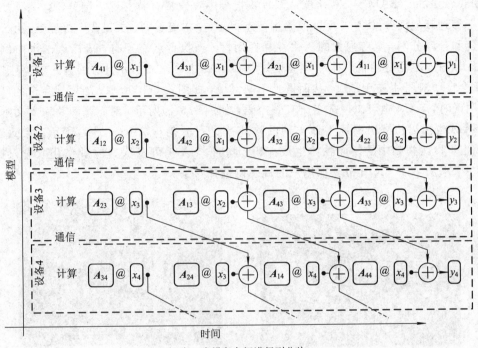

(b) 矩阵 A 在设备之间进行列分片

图 5.4　异步并行线性运算（$y = Ax$）

ViT-22B 基于 JAX 框架和 FLAX、Scenic 库，它同时利用了模型和数据的并行性。Vit-22B 使用了 jax. xmap API，其为所有中间体的分片（例如权重和激活）以及芯片间通信提供了明确的控制。

ViT-22B 是截至目前最大的视觉 Transformer 模型。研究人员证明，通过对原始架构进行三点修改，可以实现出色的硬件利用率和训练稳定性，从而在几个基准（迁移类任务、语义分割和深度估计等密集型任务）上实现高性能。当对下游任务进行评估时，ViT-22B 显示出随着模型规模的扩大而提高性能的趋势。研究人员也进一步观察到模型的其他优势，包括公平性和性能之间的改进权衡、在形状和纹理偏差方面更符合人类视觉感知以及更强的鲁棒性。与现有模型相比，Vit-22B 在形状和纹理偏差方面更符合人类感知，展示了"类人"大规模语言预训练模型的视觉扩展潜力。

5.2　Meta 的 Segment Anything Model(SAM)分割大模型

Meta AI 于 2023 年 4 月 5 日发布了第一个具有提示能力的图像分割基础模型 Segment

Anything Model（SAM），SAM 能从图片或视频中对任意对象实现一键分割，并且能够零样本迁移到其他任务。SAM 可以根据多模态提示（文本提示词、关键点、边界框）执行交互式分割和自动分割，具有强大的泛化性和通用性。当执行点交互时，鼠标点击水中倒影的龟壳区域时，即可得到整个水中龟壳倒影区域，如图 5.5(a)所示。对于输入的整张图片，SAM 会自动对图片进行分割，从而得到不同区域，如图 5.5(b)所示。当鼠标点击的区域不是很明确时，SAM 也可以生成多个有效掩码，如图 5.5(c)所示。对一张图片输入文本提示时，SAM 也可以检测出图片中该类别的物体并进行分割，如图 5.5(d)所示。除此以外，SAM 也可以为视频中的任何物体生成掩码。同时，SAM 可以从其他系统获取输入提示，例如在未来从 AR/VR 耳机获取用户的视线以选择对象。

(a) 关键点交互分割

(b) 自动分割

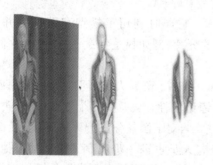

(c) 不明确分割

(d) 文本交互分割

图 5.5　SAM 的交互分割示例

　　在 SAM 项目中，我们可以在 demo 的界面中进行交互体验。SAM 项目体验并不需要注册账号，整体体验流程如下：

　　（1）首先进入官网体验地址，然后阅读条款和条件，同意后进入选择图片界面，如图 5.6所示。该界面支持利用已有数据库中的图片以及用户自己上传图片两种输入方式进行体验。

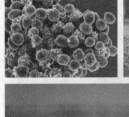

Segment Anything
Research by Meta AI

Home Demo Dataset Blog Paper

↓ Find a photo in the gallery, or Upload an image

图 5.6 SAM 项目交互体验界面：选择图片

（2）当选择了图片后即可进入选择交互方式界面，如图 5.7 所示。在该界面的左侧具有四种内置好的交互方式可供用户进行选择，分别是 Hover & Click、Box、Everything 和 Cut-Outs。

图 5.7 SAM 项目交互体验界面：选择交互方式

① Hover & Click：是指利用鼠标悬停和点击选取物体进行分割，具体操作为左键选择物体，右键移除选取。选取完之后，可以使用"Cut out object"完成对指定目标的分割，或

再点击 Multi-mask 以再次点击选择标记点，可多次分割。选完之后点击"Cut out object"，然后结果就保存在"Cut-Outs"一栏中。如图 5.8 所示，当用鼠标选定狗之后，整个狗的区域都会被分割出来。

图 5.8　SAM 项目交互体验界面：Hover & Click 选项

② Box：是指利用鼠标绘制框选取物体进行分割，具体操作为按住鼠标左键选出一个框范围。保存所选区域的方法仍然是点击"Cut out object"，然后结果就保存在"Cut-Outs"一栏中。如图 5.9 所示，当用鼠标框出狗之后，整个狗的区域都会被分割出来。

图 5.9　SAM 项目交互体验界面：Box 选项

③ Everything：是指自动分割图片中所有目标，即图片的不同区域直接被分割出来，所有物体的区域都保存在"Cut-Outs"一栏中。如图 5.10 所示，整个图片中的不同目标都被分割出来。

图 5.10　SAM 项目交互体验界面：Everything 选项

④ Cut-Outs：是指结果提取。只需要对"Cut-Outs"一栏的图片右键点击，并在弹出的菜单中选择"将图片另存为"即可，如图 5.11 所示。

图 5.11　SAM 项目交互体验界面：Cut-Outs 选项

SAM 在 Segment Anything 1-Billion(SA-1B)数据集上进行了训练。SA-1B 是由 Meta 发布的迄今为止最大的分割数据集,其由 1100 万张多样化、高分辨率、保护隐私的图像以及 11 亿个高质量分割掩码组成。SAM 的架构包含图像编码器、提示编码器和轻量级掩码解码器三个组件,如图 5.12 所示,它们协同工作以返回有效的分割掩码。其中,图像编码器用于生成一次性图像嵌入;提示编码器用于生成提示嵌入,提示可以是点、框或文本;轻量级掩码解码器结合了提示编码器和图像编码器的特征以进行运算。本节根据文献[38]对每个部分进行简单介绍。

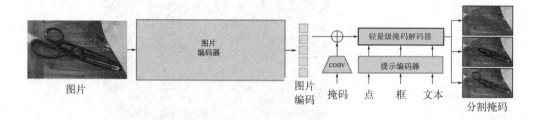

图 5.12　SAM 架构

1) 图像编码器

通常,图像编码器可以是任何输出 $C \times H \times W$ 向量的图像特征的提取网络。为了提升可扩展性和获得强大的预训练特征,SAM 使用 MAE 预训练的视觉 Transformer(ViT)来处理高分辨率输入。具体来说,ViT-H/16 具有 14×14 的窗口注意力和四个全局注意力块。图像编码器的输出的大小是输入图像的 $\frac{1}{16}$。

按照标准做法,研究人员使用 1024×1024 的输入分辨率,该分辨率可以通过重新缩放输入图像和填充短边来获得。因此,图像编码器得到的向量的大小是 64×64。为了减少通道维度,研究人员使用 1×1 以及 3×3 卷积来获得 256 个通道,每个卷积之后都有一个归一化层。

2) 提示编码器

提示编码器将背景点、遮罩、边界框或文本实时编码嵌入到图像向量中。该研究考虑了两组提示:稀疏(点、框、文本)提示和密集(掩码)提示。

稀疏的提示语被映射到 256 维的嵌入向量,即一个点(point)被表示为该点位置处的位置编码和两个学习的嵌入向量之一的总和,这两个嵌入向量表示该点是在前景中还是在背景中。一个框(box)由一对嵌入向量表示:其左上角的位置编码与表示"左上角"的学习嵌入向量相加;使用相同的结构,但使用表示"右下角"的学习嵌入向量。最后,为了表示自由格式的文本(text),使用来自图文对比预训练(Contrastive Language-Image Pre-Training,CLIP)模型的文本编码器。

密集的提示（即 masks）与图像在空间上有对应关系。首先输入掩码，该掩码大小是图 5.12 中输入图像的 $\frac{1}{4}$；然后用两个 2×2、stride-2 的卷积将掩码进行 4 倍下采样，输出通道的维度分别为 4 和 16；最后用一个 1×1 卷积将通道维度映射为 256。每一层都被高斯误差线性单元（Gaussian Error Linear Units，GELU）激活和归一化层分开。掩码和图像嵌入向量进行相加操作。如果没有掩码提示，那么一个代表"无掩码"的嵌入向量编码被添加到每个图像嵌入向量的位置。

3）轻量级掩码解码器

轻量级掩码解码器根据来自图像编码器和提示编码器的嵌入向量预测分割掩码。它将图像嵌入向量、提示嵌入向量和输出标记映射到掩码。所有嵌入向量都由轻量级掩码解码器更新，轻量级掩码解码器使用提示自注意力和交叉注意力机制。

SA-1B 专为高级分割模型的开发和评估而设计。目前，该数据集仅在研究许可下可用。SA-1B 数据集的独特之处如下：

（1）数据具有多样性。SA-1B 数据集经过精心策划，涵盖广泛的领域、对象和场景，以确保模型可以很好地泛化到不同的任务。它包括多种来源的图像，例如自然场景、城市环境、医学图像、卫星图像等。这种多样性有助于模型学习分割具有不同复杂性、规模和上下文的对象和场景。

（2）数据规模大。SA-1B 数据集包含超过 10 亿张高质量注释图像，为模型提供了充足的训练数据。庞大的数据量有助于模型学习复杂的模式和表示，使其能够在不同的分割任务上实现最先进的性能。

（3）高质量的注释。SA-1B 数据集已经用高质量的掩码进行注释，以便得到更准确和更详细的分割结果。SA-1B 数据集的 Responsible AI（RAI）分析中调查了地理和收入分配中潜在的公平问题和偏见。与其他开源数据集相比，SA-1B 数据集中来自欧洲、亚洲和大洋洲以及中等收入国家的图像的比例要高得多。值得注意的是，SA-1B 数据集包含至少 2800 万个所有地区的掩码，包括非洲，其掩码数是之前任何数据集中掩码总数的 10 倍。

SAM 利用提示实现分割任务，使其可以使用提示工程来适应各种下游分割问题。得益于迄今为止最大的标记分割数据集（SA-1B），SAM 能够在各种分割任务中实现最先进的性能。

虽然 SAM 在总体上表现得很好，但它并不完美。比如，尽管 SAM 可以实时处理提示，但是当使用一个很大的图像编码器时，SAM 的整体性能并不是实时的。同时，SAM 对 text-to-mask（文本-掩码）任务的尝试是探索性的，并不是完全鲁棒的。虽然 SAM 可以执行许多任务，但如何设计简单的提示来实现语义和全景分割尚不清楚。

作为一个开源模型，SAM 将激发计算机视觉的进一步研究和开发，促使 AI 社区在这个快速发展的领域突破可能性的界限，成为 AR、VR、内容创建、科学领域和更通用 AI 系统的强大组件。

5.3 微软的 VisualGPT 模型

2023 年 3 月 8 日，微软公开 Visual ChatGPT，Visual ChatGPT 在 ChatGPT 的基础上集成多种视觉基础模型(VFM)，实现多模态交互的功能。Visual ChatGPT 并不是从头训练的，而是直接基于 ChatGPT 构建，它将 Transformers、ControlNet 和 Stable Diffusion 等视觉基础模型与 ChatGPT 相结合，使用户能够通过聊天发送消息并在聊天期间接收图像。VisualGPT 使用不同的视觉基础模型使用户与 ChatGPT 进行交互，从而达到以下效果：

(1) Visual ChatGPT 可以接收和发送文本和图像；

(2) 提供复杂的视觉问答或者视觉编辑指令(文本控制图像编辑)，可以通过多步推理调用工具来解决复杂视觉任务；

(3) 提供反馈、总结答案、纠正结果、主动询问模糊的指令等功能。

在 Visual ChatGPT 项目中，人们可以根据 Quick Start 的教程示例为电脑安装 Visual ChatGPT。Visual-GPT 的系统架构如图 5.13 所示，其由用户查询模块(User Query)、提示管理器(Prompt Manger)、视觉基础模型(Visual Foundation Models，VFM)、调用 ChatGPT API 系统和推理模块(Iterative Reasoning)、用户输出模块(Output)构成。如图 5.13 所示，用户上传了一张黄色花朵的图像，并输入一条复杂的语言指令"请根据该图像

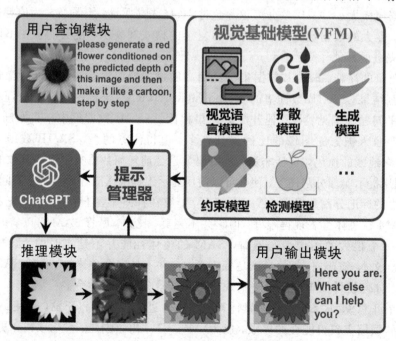

图 5.13 Visual ChatGPT 的系统架构

生成的深度图再生成一朵红色花朵，然后逐步将其制作成卡通图片"，则输出模块产生对应的输出图像。

多轮对话的过程如图 5.14 所示，其中，左图是三轮对话，中图是 Visual ChatGPT 如何迭代调用视觉基础模型（VMF）及答案的流程图，右图是模型针对第 2 个 Q/A 的详细运行过程。该系统利用 ChatGPT 和提示管理器来做意图识别和语言理解，然后决定后续的操作和产出。

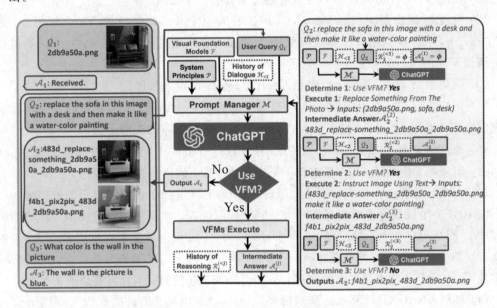

图 5.14　Visual ChatGPT 概述

在这个对话的例子中：

（1）第一轮对话：首先用户输入一张图片 User Query(Q1)，模型回答收到（A1）。

（2）第二轮对话：① 用户提出"把沙发改为桌子"和"把风格改为水彩画"两个要求（Q2），模型判断需要使用 VFM 模型；② 模型判断第一个要求是替换东西，因此调用 replace object 模块，生成符合第一个要求的图片；③ 模型判断第二个要求是通过语言修改图片，因此调用 pix2pix 模块，生成符合第二个要求的图片；④ 模型判断完成用户提出的要求，输出第二幅图片（A2）。

（3）第三轮对话：用户提出问题（Q3），模型判断不需要 VFM，调用 VQA 模块，回答问题得到答案（A3）。

对于由多个"问题-答案对"所构成的集合 $S=\{(Q_1,A_1),(Q_2,A_2),\cdots,(Q_n,A_n)\}$，要从第 i 轮对话中得到答案 A_i，需要一系列的 VFM 和中间输出 A_i^j，其中 j 表示第 i 轮对话中第 j 个 VFM（F）的输出。定义 Visual ChatGPT 的模型如下：

$$A_i^{j+1} = \text{ChatGPT}\{M(P),\, M(F),\, M(H_{<i}),\, M(Q_i),\, M(R_i^{<j}),\, M(F(A_i^j))\} \qquad (5-4)$$

其中，P 是系统原理，F 是各个视觉基础模型，$M(H_{<i})$ 是历史会话记忆，$M(Q_i)$ 是第 i 轮对话的用户查询，$M(R_i^{<j})$ 是第 i 轮对话的推理历史，$M[F(A_i^j)]$ 表示对不同 VFM 模型的输出进行管理。具体而言，每个模块的功能和表示如下：

（1）系统原理 P：为 Visual ChatGPT 提供了基本规则。例如，当该模型对图像文件名敏感时，使用 VFM 来处理图像，而不是根据聊天历史生成结果。

（2）视觉基础模型 F：是 Visual ChatGPT 的一个核心，是各种 VFM 的组合。$F = \{f_1, f_2, \cdots, f_N\}$，其中每个基础模型 f_i 包含具有显式输入和输出的确定函数。通过在逻辑上调用不同的 VFM 来生成多个中间答案。

（3）历史会话 $H_{<i}$：阈值，以满足 ChatGPT 模型的输入长度。

（4）用户查询 Q_i：在可视化 ChatGPT 中，查询是一个通用术语，其可以包括语言查询和视觉查询。例如，图 5.14 显示了包含查询文本和相应图像的查询示例。

（5）推理历史 $R_i^{<j}$：为了解决一个复杂的问题，Visual ChatGPT 可能需要多个 VFM 的协作。对于第 i 轮对话，$R_i^{<j}$ 是来自 j 个调用的 VFM 的所有先前推理历史。

（6）提示管理器 M：将所有视觉信号转换为语言，以便 ChatGPT 模型能够理解。

ChatGPT 生成最终答案要经历一个不断迭代的过程，它会不断自我询问，自动调用更多 VFM。而当用户指令不够清晰时，Visual ChatGPT 会询问其能否提供更多细节，避免机器自行揣测，甚至篡改人类意图。Visual ChatGPT 得益于以扩散模型为代表的视觉模型，可实现 ChatGPT 从文本到视觉的突破，但其仍然处于初级阶段，且具有以下的挑战：

（1）依赖 ChatGPT 以及视觉基础模型。Visual ChatGPT 的性能在很大程度上受到这些模型的准确性和有效性的影响。

（2）需要大量提示。Visual ChatGPT 需要大量提示才能将 VFM 转换为语言并使这些模型描述可区分。

（3）实时能力有限。当处理特定任务时，Visual ChatGPT 可能会调用多个 VFM，与专门为特定任务训练的专家模型相比，其实时能力有限。

（4）词向量长度限制。ChatGPT 中的最大词向量长度可能会限制可以使用的基础视觉模型的数量。

（5）安全和隐私。移植性较强的能力可能会引发安全和隐私问题，特别是对于通过 API 访问的远程模型。

Visual ChatGPT 是一个包含不同视觉基础模型的开放系统，使用户能够与 ChatGPT 进行超越语言格式的交互。它扩展了聊天机器人的输入和输出范围，可以处理文本和图像信息，并且可以根据用户需求生成相应格式的回复。同时，它提高了聊天机器人的智能水平，可以在多个领域或任务上表现出智能行为，并且可以根据上下文切换不同模式。此外

Visual ChatGPT 增加了聊天机器人的趣味性和互动性，可以进行富有创意和想象力的对话，并且可以根据用户喜好调整风格。

5.4　华为的盘古大模型

盘古大模型是华为提出的人工智能大模型，它包括了一系列的领域大模型，如盘古NLP大模型、盘古 CV 大模型和盘古气象大模型。其中：

(1) 盘古 NLP 大模型是一个功能强大的自然语言处理工具，它可以应用于内容生成和内容理解等多个领域。该模型使用了编码器–解码器架构，以兼顾自然语言处理大模型的理解和生成能力。这种设计使得该模型在嵌入不同系统时的灵活性大大提高。此外，即使在需要进行千亿规模大模型的快速微调和下游适配时，也只需使用少量的样本和可学习参数即可完成。2019 年，盘古 NLP 大模型在权威的中文语言理解评测基准 CLUE 榜单中排名第一，其总得分为 83.046，在多项子任务得分在业界领先，创造了三项榜单世界历史纪录。这一成就使得盘古 NLP 大模型成为目前最接近人类理解水平的预训练模型之一。

(2) 盘古 CV 大模型是业界最大的 CV 模型之一，并可用于分类、分割和检测。该模型还实现了模型按需抽取功能，可以根据模型的大小和运行速度需求进行自适应抽取，从而促进了 AI 应用的开发和落地。盘古 CV 大模型还是业界首个兼顾判别和生成能力的模型。此外，该模型采用层次化语义对齐和语义调整算法，在浅层特征上表现出更好的可分离性，从而显著提高小样本学习的能力，达到了业界领先水平。

(3) 盘古气象大模型是一种创新的气象预报模型，其精度首次超过传统数值方法的精度，速度提升 1000 倍。该模型可提供秒级天气预报，并可实现重力势、湿度、风速、温度、气压等变量的 1 小时～7 天的预测。盘古气象大模型借助创新的 3DEST 网络结构以及分层时间聚合算法，在气象预报的关键要素和常用时间范围（从一个小时到一周）上均表现出优秀的精确性，超越了当前最先进的预报方法。

盘古大模型具有中文优化好、技术支持强、应用范围广以及可扩展性强等优点。具体地，盘古大模型使用了大量的中文语料库进行训练，可以更好地理解中文语言的语法和语义。它融入了华为在 5G、云计算、物联网等领域的技术优势，可以更好地应用于这些领域的实际场景，为华为提供强有力的技术支持。它可以应用于智能对话、机器翻译、语音识别等多个领域。与此同时，盘古大模型采用了分布式计算技术，可以实现模型的在线训练和增量学习，并随着数据量的增加不断优化模型，提高模型的准确度和质量。这在一定程度上使得盘古大模型具有较强的扩展性。当然，盘古大模型也存在一些局限，如训练成本高、数据安全问题、语义理解能力有待提升以及依然面临着激烈的市场竞争压力。

5.5 阿里的"通义千问"大模型

"通义千问"大模型是由阿里提出来的 AI 通用大模型，在 2023 年北京召开的阿里云峰会上发布。在该峰会上，阿里巴巴集团董事会主席兼 CEO、阿里云智能集团 CEO 张勇表示，阿里巴巴所有产品未来将接入"通义千问"大模型进行全面升级改造。2023 年 4 月 7 日，阿里云宣布"通义千问"大模型开始正式邀请用户体验测试。该模型是阿里达摩院自主研发的超大规模语言模型，能够回答问题、创作文字、撰写代码以及表达观点等。它主攻文本生成技术，并没有涉及文本-图像等多模态技术。"通义千问"大模型网页页面如图5.15 所示。

图 5.15 "通义千问"大模型网页页面

"通义千问"大模型目前包括了效率类、生活类以及娱乐类模块。其中，效率类模块具体包括写提纲、SWOT 分析、商品描述生成等模块，生活类模块包含会放飞的菜谱、小学生作文以及进行文学创作等模块，娱乐类模块包含彩虹屁专家、写情书以及为你写诗等模块。可以发现，"通义千问"大模型对于文本生成内容在实际生活场景有着具体应用。

"通义千问"大模型是一个基于神经网络的自然语言处理模型。它的算法核心是使用了深度学习中的 Transformer 模型和大规模的预训练技术。"通义千问"大模型将输入的问题与知识库中的文本进行匹配，然后输出最相关的答案。"通义千问"大模型的模型优点如下：

（1）精度高：其具有非常高的准确性，可以正确地回答很多复杂的问题。

（2）适应性强：其可以学习和适应新的数据，并能够处理各种不同领域的问题。

（3）可扩展性较大：其规模相对较大，可以利用更多的计算资源进行扩展，以提高性能。

但是，"通义千问"大模型依然存在以下局限性：

（1）学习成本高：其模型训练需要大量的数据和计算资源，学习成本相对较高。

（2）模型复杂度高：其模型结构非常复杂，可能需要较长的时间来训练和优化。

（3）鲁棒性不足：其在面对一些有限的情况时，可能出现错误的回答，这使得其在实际应用中可能需要更多的验证和调试。

从测评结果来看，"通义千问"大模型已具备一定基础常识与初步逻辑思考能力，但在复杂理科计算方面仍有提升空间；在文字创作领域，该大模型已具备相当的实用性，尤其在语言翻译领域表现较出色。总体来说，虽然"通义千问"大模型尚未达到GPT4水平，但处于国内领军水平。

5.6　百度的"文心一言"大模型

百度于2023年3月16日发布了生成式大模型"文心一言"（ERNIE Bot）并开放邀请测试。"文心一言"是在百度ERNIE模型系列及PLATO系列模型基础上打造的生成式对话产品，其具备文学创作、商业文案创作、数理逻辑推算、中文理解、多模态图片生成五大能力，对中文具有天然的语言优势。

"文心一言"界面如图5.16所示，内测体验需要提交申请。

(a) 登录页申请体验　　　　　　　　(b) 登录页功能介绍

图5.16　"文心一言"界面图示

"文心一言"大模型以飞桨（PaddlePaddle）深度学习平台为基石，与飞桨共享生态。具体而言，支撑"文心一言"的关键技术包括监督精调、人类反馈的强化学习、提示、知识增强、检索增强和对话增强。其中，前三项技术是这类大语言模型都会采用的技术，在ERNIE和PLATO中已有应用和积累，并在"文心一言"中进一步强化和打磨，在这里不进行具体介绍；后三项技术则是百度已有技术优势的再创新，也是"文心一言"未来越来越强大的基础，具体介绍如下。

1. 知识增强

"文心一言"的知识增强主要有知识内化和知识外用两种方式。其中，知识内化是指从大规模知识和无标注数据中基于语义单元进行学习，利用知识构造训练数据，将知识学习到模型参数中；知识外用则是指引入外部多源异构知识，进行知识推理、提示构建等。

ERNIE 3.0 是基于知识增强的多范式统一预训练框架，如图 5.17 所示。ERNIE 3.0 将自回归网络和自编码网络融合进行预训练，并在训练时引入大规模知识图谱类数据。其中，自回归网络基于 Transformer-XL 结构，支持长文本语言模型建模；自编码网络采用 ERNIE 2.0 的多任务学习增量式构建预训练任务，持续地进行语义理解学习，并增加了知识增强的预训练任务。多范式统一预训练模式不仅在 zero/few-shot（零样本/小样本学习）任务上展现了很强的能力，而且能很好地处理传统的微调任务，使得 ERNIE 3.0 在理解任务、生成任务和零样本学习任务上取得了较好表现。

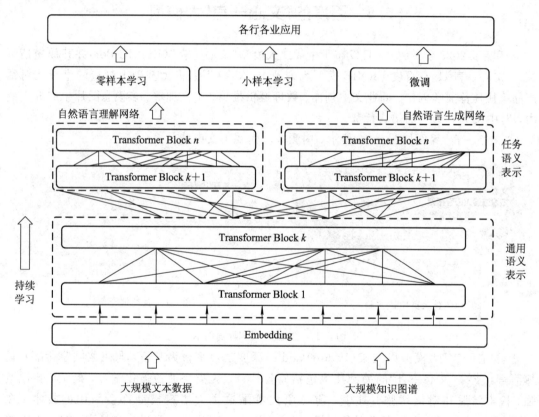

图 5.17 ERNIE 3.0 多范式统一预训练框架

2. 检索增强

检索增强来自以语义理解与语义匹配为核心技术的新一代搜索架构。通过引入搜索结果，检索增强为大模型提供时效性强、准确率高的参考信息，这也是"文心一言"能够在一些问答中强于 ChatGPT 的重要原因之一。

3. 对话增强

在对话增强方面，基于对话技术和应用积累，"文心一言"具备记忆机制、上下文理解和对话规划能力，从而更好地实现对话的连贯性、合理性和逻辑性。

"文心一言"还融合了不同类型的数据和知识，自动构造提示（包括实例、提纲、规范、知识点和思维链等），提供丰富的参考信息，激发模型相关知识，生成高质量结果。

"文心一言"是目前全球最大的中文对话模型，其对中文的理解能力和把控能力更突出。除了文本，"文心一言"还可以输出图片、视频等多模态内容，甚至还可以将文字直接用方言读出来。它不仅能够与人对话互动，回答问题，还能够协助创作，高效、便捷地帮助人们获取信息、知识和灵感。

"文心一言"定位于人工智能基座型的赋能平台，将助力金融、能源、媒体、政务等千行百业的智能化变革，最终革新"生产力工具"。

5.7　商汤的"日日新 SenseNova"大模型

商汤科技董事长兼首席执行官徐立于 2023 年 4 月 10 日宣布推出"日日新 SenseNova"大模型。该模型的名字取自《礼记·大学》，汤之盘铭曰：苟日新，日日新，又日新。"日日新 SenseNova"大模型体系具有自然语言生成、图片生成服务、感知模型预标注、模型研发等功能。

"日日新 SenseNova"大模型为政企客户提供了多种灵活的 API 接口和服务（API 申请网址：https://techday.sensetime.com/list），如图 5.18 所示。客户可根据实际应用需求调

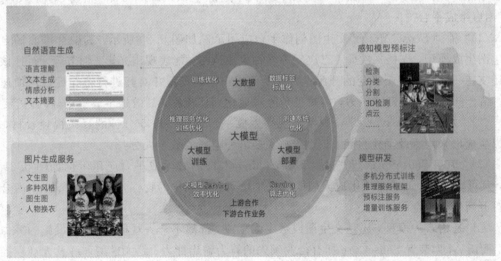

图 5.18　"日日新 SenseNova"提供的服务

用"日日新 SenseNova"大模型的各项 AI 技术能力，低门槛、低成本、高效率地实现各类 AI 应用。

"日日新 SenseNova"大模型推出了商汤最新研发的语言大模型"商量 SenseChat"与一系列生成式 AI 模型及应用，具体如下。

应用 1：1800 亿参数的中文语言大模型应用平台"商量 SenseChat"支持超长文本知识理解，具有问答、理解与生成等中文语言能力。同时，"商量 SenseChat"可以作为编程助手，帮助开发者更高效地编写和调试代码；可以是健康咨询助手，提供个性化的医疗建议；也可以是 PDF 文件阅读助手，从复杂文档中提取和概括信息。应用示例如图 5.19 所示。

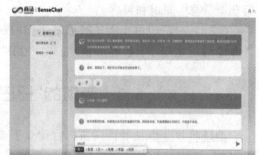

图 5.19　应用示例："商量 SenseChat"

应用 2："日日新 SenseNova"也具有各种 AI 文生图创作、2D/3D 数字人生成、大场景/小物体生成等一系列生成式 AI 模型及应用，其中包括"秒画 SenseMirage"文生图创作平台、"如影 SenseAvatar"AI 数字人视频生成平台、"琼宇 SenseSpace"和"格物 SenseThings"3D 内容生成平台。

（1）"秒画 SenseMirage"文生图创作平台应用示例如图 5.20 所示，其融合了商汤自研文生图生成模型，支持二次元、三次元等多种生成风格，能表现出光影、细节等。而且该平台还支持一键导入多个平台的开源模型或上传用户本地模型并对其进行特异性推理加速优化。结合自研模型及训练能力，用户可免除本地化部署流程，高效地生成更多样的内容。

（2）"如影 SenseAvatar"AI 数字人视频生成平台仅需一段 5 分钟的真人视频素材，就可以生成出来声音及动作自然、口型准确、多语种精通的数字人分身。

（3）"琼宇 SenseSpace"和"格物 SenseThings"3D 内容生成平台应用示例如图 5.21 所示，其可以高效、低成本地生成大规模的三维场景和精细化的物件，为元宇宙、虚实融合应用打开新的想象空间。

无论是语言大模型，还是文生图或数字人生成，都离不开大规模 AI 基础设施的算力支持。商汤 AI 大装置 SenseCore 拥有行业领先的算力输出能力、超大模型训练及大规模推理能力，将会成为 AGI 和大模型时代的基础设施服务领导者。

图 5.20　应用示例："秒画"

图 5.21　应用示例："琼宇"与"格物"

在技术方面，基于 AI 大装置 SenseCore 和"日日新 SenseNova"大模型体系，商汤面向行业伙伴提供涵盖自动化数据标注、自定义大模型训练、模型增量训练、模型推理部署、开发效率提升等多种大模型即服务（Model-as-a-Service）：

（1）基于预训练大模型的自动化数据标注可实现相较于人工数据标注近百倍的效率提升。

（2）自定义大模型训练和模型增量训练服务能够帮助客户快速利用自有数据训练模型，包括在预训练大模型之上进行垂域行业模型的开发，生产千行千面的自定义模型。

（3）模型推理部署服务可将大模型推理效率提高 100％以上，降低用模型提供服务的成本。

相比于 Stable Diffusion，商汤作画大模型基于 2019 年开始研发的通用大模型设计体系，采用更先进的大模型结构设计与大 batch 训练优化算法，模型参数量大小为 Stable Diffusion 的数倍。

商汤作画大模型的核心技术包含自研的 hierarchical inference experts、mixture of token experts、image quality-aware distributed training、texture-guided cross-attention learning 等算法，因此其具备更优的文本理解泛化性、图像生成风格广度以及图像高质量生成细节。

此外，目前市面上所有的 LoRA 模型都是基于 Stable Diffusion 或者其变体训练的，依托商汤基模型本身强大的泛化能力，使用其替代 Stable Diffusion 模型可以基于更少量的数据快速训练出质量更高的 LoRA 模型，实现更优的风格定制化图像生成，这样的功能在"秒画"平台用 5 分钟即可实现。

对于有进阶需求的模型创作者，商汤"秒画 SenseMirage"文生图创作平台也可支持自行上传数据集进行微调、自训练等，定制训练属于自己风格的 LoRA 模型，通过拖拽 20 张图片训练集，仅需 5 分钟就能完成训练，显著降低了模型的训练门槛。

同时，用户也可以一键导入 Hugging Face、Civitai、GitHub 等第三方社区的开源模型进行体验，使用户免除本地化部署的烦琐流程，通过商汤 AI 大装置 SenseCore 强大的 GPU 算力集群、推理加速功能即可高效生成更多样的内容，使创作更便利。

"日日新 SenseNova"带来的这些强大而易用的内容生成能力将改变内容生产行业的生产范式，突破内容创意的天花板，重塑内容生产行业生态并打开新的增长空间。随着商汤科技"日日新 SenseNova"大模型体系的不断优化，未来会更大程度地驱动产业升级。

"日日新 SenseNova"也已为商汤的自身业务带来了诸多突破。例如，在智能驾驶领域，基于视觉大模型，商汤实现了可识别 3000 类物体的 BEV 环视通用感知算法的实车量产，也构建了感知、决策一体化的自动驾驶多模态模型，带来了更强的环境、行为、动机解码能力。

5.8 西电的"西电遥感脑"大模型

我国首个能处理多源遥感数据的智能解译大模型平台"西电遥感脑——大数据智能解译平台"于 2021 年在"一带一路"人工智能大会开幕式上正式发布。该平台由西安电子科技大学智能感知与图像理解教育部重点实验室自主设计和研制。平台以"人工智能＋云"赋能遥感及空间信息服务，实现了多源遥感数据的智能实时解译和结果在线可视化分析，可应用于城镇规划发展、国土资源监测、灾害监测评估、实时目标监控、智慧城市建设等多种场景。

该大模型平台模拟脑神经结构和信息处理机制，搭载人工智能算法，构建集基础算力、稀疏感知、影像解译、数据治理、场景应用于一体的智慧遥感综合解决方案，突破了传统遥感行业存在的算力瓶颈和专业壁垒，实现了遥感数据分析的智能化、便捷化、专业化。

"西电遥感脑"界面如图 5.22 所示，内测体验需要提交申请。

图 5.22 "西电遥感脑"界面图示

在技术方面，西电的"西电遥感脑"大模型实现了以下三大技术突破。

1) 多源数据分析，多种任务并行

平台实现了对多源遥感数据及多种任务的大模型智能解译，可对体量庞大的数据进行数字化的深入分析。平台不仅支持全色、可见光、多光谱、高光谱、SAR 影像等常规遥感静态数据的大模型解译任务，还支持对光学遥感视频、SAR 遥感视频等动态数据的分析。目前，"西电遥感脑"大模型已开放地物要素理解、目标检测识别、要素变化检测、视频智能解译四大类算法，共包含 20 多个子任务。平台基本满足了遥感影像解译行业的各种任务需求，能够对遥感信息进行全天时、全天候地精确解译和快速处理。平台算法库如表 5.1 所示，可见光地物分类结果图如图 5.23 所示。

表 5.1　平台算法库

任务类型	子类任务	支持数据源
地物要素理解	道路提取	可见光、多光谱、高光谱
	水域提取	可见光、多光谱、高光谱
	城市提取	可见光、多光谱、高光谱
	地物分类	可见光、多光谱、高光谱
目标检测识别	飞机检测	SAR、可见光
	桥梁检测	可见光
	舰船检测	SAR、可见光
要素变化检测	变化检测	SAR、可见光
视频智能解译	单目标跟踪	可见光
	多目标跟踪	可见光
	运动目标检测	可见光

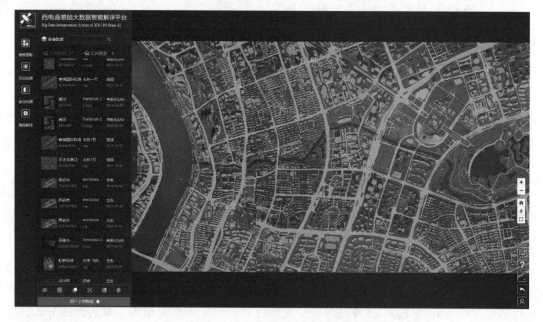

图 5.23　可见光地物分类结果图

2）"云＋端"架构设计，操作简单快捷

平台基于"云服务＋客户端"的架构模式（简称"云＋端"），将运算处理服务设于云端，可实现计算资源的集中高密度调用，使用户突破时空限制，打破算力瓶颈，提高数据处理效率。平台界面简洁，易于操作。用户只需通过浏览器登录网页账户即可访问平台进行遥感数据解译任务，通过"上传解译数据""选择解译任务""划定解译区域"三个步骤，点击开始解译即可得到解译结果。平台操作首页与 SAR 数据地物提取结果分别如图 5.24 与图 5.25 所示。

图 5.24　平台操作首页

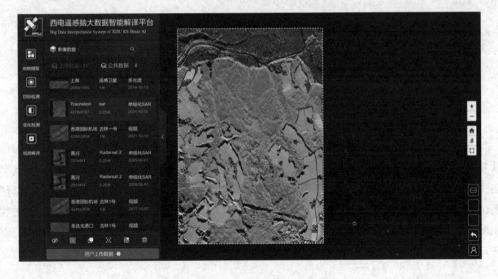

图 5.25　SAR 数据地物提取结果

3) 智能统计分析，高效解译处理

平台搭载多种先进的 AI 算法，大模型可以高效地完成对数据的全方位解译以及智能化统计分析。对于地物提取任务，平台能够自动统计各类地物面积的占比，根据地面空间分辨率计算各类地物的实际面积。对于目标检测任务，平台可以自动检测并统计各类目标的数量。对于视频解译任务，平台可对目标进行实时跟踪并计算目标速度，统计运动目标的数量。通过智能化的统计分析功能，平台可帮助分析人员快速、全面地了解遥感影像的内容，深入挖掘数据的价值，为决策提供可靠、客观的数据支撑。解译结果示例如图 5.26 所示。

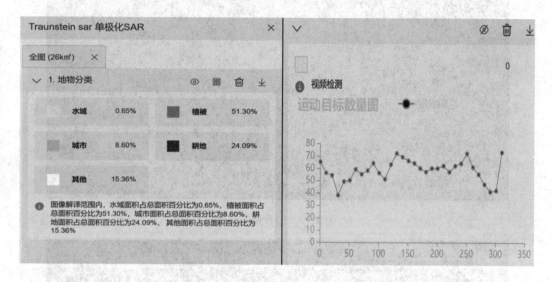

图 5.26　解译结果示例

5.9　西电的"智瞳医行"大模型

能处理多源医学影像数据的智能解译大模型平台"智瞳医行——IPIU 智能医疗影像辅助诊疗系统"（简称"智能医疗"）由西安电子科技大学智能感知与图像理解教育部重点实验室自主设计和研制。该平台以"人工智能＋云"赋能医学影像信息服务，通过"智瞳医行"大模型的图像处理技术和解译方法，实现了多源医学影像数据的智能实时解译和结果在线可视化分析，将影像解译为医生所需要的有用信息，如肺炎感染、脏器功能、脑肿瘤、乳腺病变等，可应用于疾病筛查和诊断、手术辅助、医学研究等多种场景。平面操作界面如图5.27 所示。

该平台实现了对多种来源的医学影像数据及多种任务的大模型智能解译，可对体量庞

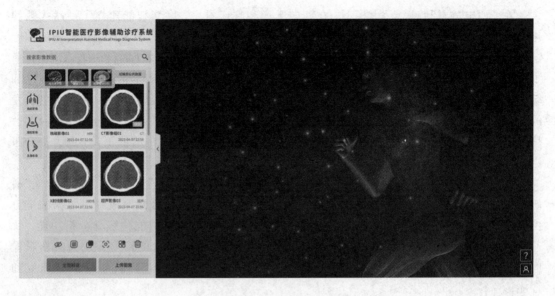

图 5.27 平台操作界面

大的数据进行数字化的深入分析。平台不仅支持 CT、2D MRI、超声等常规医学影像静态数据的大模型解译任务，还支持对 3D MRI 等多维数据的分析与多维度解译结果的可视化。目前，平台已开放肿瘤异常检测、多器官分割、肺部感染诊断、结肠癌原发灶分割、乳腺癌病变分割、骨折分类等 10 余项任务。解译结果示例如图 5.28 所示。

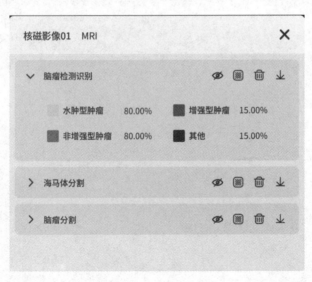

图 5.28 解译结果示例

除了西电的"智瞳医行"大模型，在面向影像和临床科室，联影智能建立了一站式数智化科研平台——"联影智能"科研平台(uAI Research Portal，uRP)。该平台提供最新的深度学习、机器学习、影像组学、智能标注等技术和工具，支持方便、快捷的科研工作流，打通了从临床大数据管理、智能数据标注、3D图像渲染、影像组学分析到深度学习模型训练和统计分析结果输出的一站式科研全流程。"SenseCare智慧诊疗平台"是商汤科技自主研发的一套集领先AI算法与丰富影像后处理技术于一体的高性能辅助诊疗平台。该平台以医疗大数据为基础，旨在为不同临床科室提供满足诊、疗、愈全流程的智能工具，助力提升医生的诊疗效率和精度。

智能化的大模型医学影像解译平台正在蓬勃发展。"智瞳医行"大模型、"联影智能"科研平台和"SenseCare智慧诊疗平台"搭载多种先进的AI算法，高效地完成了对数据的全方位解译以及智能化统计分析。这些平台通过高效的全方位解译和智能化统计分析功能，快速、全面地了解医学影像的内容，深入挖掘数据的价值。这些平台的持续开发为医学影像应用技术的创新和产品的研发提供了有力支撑，构成了医疗大数据管理、临床科学研究和智能诊疗等领域的新生态。

第6章 扩散深度网络模型

图像生成技术和 ChatGPT 都是 AIGC（AI Generated Content）家族的重要组成部分，扩散模型作为一种重要的图像生成技术，已经得到了快速的发展。本章首先对扩散深度网络模型的发展背景与原理进行介绍，之后对于近几年的扩散模型的改进情况进行简单介绍。

6.1 简介与背景

在计算机视觉领域中，扩散模型（Diffusion Model，DM）是一种用于图像生成的技术，在 2020 年由 OpenAI 研究人员提出。它由于能够生成具有逼真细节的高质量图像，近年来得到了普及。

实际上，扩散过程的基本原理已经在科学和工程的其他领域被使用了很多年。扩散过程，也被称为随机漫步，是统计物理学和概率论的一个基本概念。它描述了粒子在介质中随机移动时的运动情况，以及这些粒子从其他粒子上反弹时受到各种力量的影响。在图像生成的背景下，扩散过程被用来模拟噪声在图像上扩散而逐渐形成纯噪声信号的过程。

使用扩散过程来生成图像的想法并不新鲜。事实上，过去也曾使用过类似的技术，如使用偏微分方程来模拟介质中热量或质量的扩散。然而，这些早期的技术由于存在高计算复杂性和难以扩展到图像生成等高维问题而受到限制。

扩散模型取得突破性进展的关键是使用神经网络对扩散过程进行建模。具体来说，研究人员使用一种被称为自回归模型的神经网络来执行扩散过程。这使他们能够利用深度学习的力量，生成具有逼真纹理和细节的高质量图像。

此后，扩散模型被用于各种应用，从生成人脸和风景的逼真图像到合成三维形状和纹理。扩散模型的这种生成高质量图像的能力，以及对细节水平的精细控制，使其成为研究人员和艺术家的宝贵工具，并会在未来的图像生成和计算机视觉领域发挥越来越重要的作用。

6.2 扩散模型的基本原理

在图像生成中，扩散模型是对噪声向量进行操作的。首先，扩散模型对噪声向量进行缩放以匹配正在生成的图像的分辨率。然后，图像生成过程包括一连串的迭代步骤，每个步骤都将噪声向量从图像中分离。在每个步骤中，生成过程被模拟为噪声向量与一组在训练中学习的过滤器的卷积。这些过滤器用于去除图像中的噪声，有助于细节水平的逐步提高。

随着生成过程的进行，图像变得更清晰、更详细。然而，为了防止图像变得过于嘈杂或模糊，生成过程通常由一个温度参数控制，该温度参数随着图像的生成而逐渐减小。这个温度参数决定了每一步的扩散程度，有助于平衡图像的细节水平和整体质量。

扩散模型的优点之一是它能够对生成图像的细节水平进行精细的控制。通过调整扩散步骤的数量和温度参数，可以生成具有不同层次的细节和真实感的图像。此外，扩散模型已被证明在生成具有真实纹理和照明效果的复杂场景图像方面非常有效。下面我们对在图像生成领域中用到的基本扩散模型进行介绍。

图 6.1 为扩散模型的前向过程与逆向过程。在前向过程中，在每一时刻 t，为上一时刻的图像 $\boldsymbol{x}_{t-1}$ 添加随机噪声 $\boldsymbol{z}_{t-1}$，该随机加噪过程记为 $q(\boldsymbol{x}_t|\boldsymbol{x}_{t-1})$，从而得到该时刻下的图像 $\boldsymbol{x}_t$，即

$$\boldsymbol{x}_t = \sqrt{1-\beta_t}\boldsymbol{x}_{t-1} + \sqrt{\beta_t}\boldsymbol{z}_{t-1} \qquad (6-1)$$

式中 β_t 表示图像的变化程度，随着 t 的增加，图像中的噪声越来越多。当 $t\rightarrow\infty$ 时，图像就变成了一个各向同性的正态分布。这一过程被称为前向过程，也被称为扩散过程。

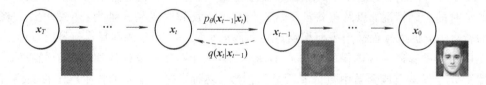

图 6.1　扩散模型的前向过程与逆向过程

逆向过程，顾名思义，是从噪声中逐步恢复出原始图像的过程。t 时刻的图像 $\boldsymbol{x}_t$ 经过参数为 θ 的网络，从噪声中恢复出图像 $\boldsymbol{x}_{t-1}$，记为 $p_\theta(\boldsymbol{x}_{t-1}|\boldsymbol{x}_t)$。逆向过程便是不断重复这一步骤，最终从噪声 $\boldsymbol{x}_T$ 中恢复出原始图像 $\boldsymbol{x}_0$。然而对恢复后的图像整体进行预测是很困难的，因此文献[94]采用了类似于残差网络的思想，仅对噪声信号 $\boldsymbol{z}$ 进行预测，来提升网络的收敛速度。

预测网络通常采用类 U-Net 的形式，在训练过程中，将含噪图像 $\boldsymbol{x}_t$ 以及时间 t 作为输入，噪声作为标签，损失值 L_{ddpm} 如下式所示：

$$L_{\text{ddpm}} = \parallel \boldsymbol{z}_{t-1} - f_\theta(\boldsymbol{x}_t,\ t) \parallel \qquad (6-2)$$

式中 $f_\theta(\boldsymbol{x}_t,\ t)$ 表示预测网络对图像中的噪声进行预测的值。

通过最小化该损失值，来有监督地训练模型，使得模型能够成功地从噪声中恢复出上

一时刻的图像。

6.3 扩散模型的改进方法

在扩散模型出现之前，图像生成领域的主流模型是生成对抗网络（GAN）。随着越来越多的研究者投入到扩散模型的研究中，扩散模型的性能也逐步逼近并最终超越了GAN。为了让读者快速了解扩散模型是如何一步步成为图像生成领域的主流模型的，本节对改进的扩散模型进行简单介绍。

6.3.1 改进的扩散模型

改进的扩散模型（Improved-DM，I-DM）首次对扩散模型尝试进行改进。在6.2节中，我们已经了解到扩散模型是如何产生高质量的图像样本的，但是扩散模型在对数似然这个评价指标上却不如其他基于似然的模型，如自回归模型和变分自编码器。I-DM探索了这种差距是否暗示了扩散模型在捕捉数据分布的多样性方面存在根本的缺陷，以及是否有办法提高扩散模型的对数似然而不牺牲样本质量。因此，I-DM从两个方面对DM进行改进。

首先，在DM中，对于预测的噪声，通常认为其方差是一个固定值，从而加快模型的收敛速度。然而I-DM使用一个简单的重参数化方法来学习逆向扩散过程的方差，而不是固定为噪声过程的方差，提升了生成图片的质量。其次，DM默认了加噪的过程是线性的，而I-DM使用一个余弦形式的噪声方差计划，以避免在扩散过程后期添加过多的噪声，效果如图6.2所示，从左到右 t 逐渐增大。从图中可以看出，采用余弦加噪计划时，模型能够更早地从噪声中恢复出原始图像信息。

图 6.2 线性加噪计划（上）与余弦加噪计划（下）的对比

6.3.2 更大规模的扩散模型

尽管从直观上来讲，扩散模型已经达到甚至超越了GAN的图像生成效果，但是从评价指标上来讲，扩散模型依旧与GAN有着差距。因此Dhariwal等人探索了不同的方法来提高扩散模型的图像生成质量，使其在评价指标上超过目前最先进的GAN。

他们假设扩散模型和生成对抗网络之间的差距源于两个因素：一是生成对抗网络使用

了经过深入探索和优化的模型架构；二是生成对抗网络能够在保真度和多样性之间进行权衡，产生高质量的样本，但不覆盖整个分布。针对这两个因素，他们提出了两种改进扩散模型的方法：第一种方法是通过一系列消融实验找到更好的模型架构，包括增加深度和宽度、增加注意力头数和分辨率、使用 BigGAN 残差块进行上采样和下采样，以及使用自适应分组归一化层。第二种方法是使用分类器的梯度来引导扩散模型在采样过程中进行权衡，这一模型被称为分类器引导（Classifier Guided）的扩散模型，在这种情况下，训练的损失值（$L_{\text{cls-g}}$）变为下式：

$$L_{\text{cls-g}} = \parallel z_{t-1} - f_\theta(x_t, t, \nabla c) \parallel \qquad (6-3)$$

式中，∇c 表示分类器产生的梯度。有了类别梯度的引导，模型便可以在保真度和多样性之间进行平衡。图 6.3 展示了在不同强度的分类器引导下，扩散模型生成的"柯基犬"图像。其中，左图中的分类器引导强度较低，右图中强度高，可以看出，右边的图像明显更加贴近柯基犬的形象。这两种改进方法可以使扩散模型达到新的水平，超越生成对抗网络的性能。

图 6.3　不同强度的分类器引导的扩散模型在生成"柯基犬"图像时的效果对比

6.3.3　用文本引导的扩散模型

近期的主流图像生成模型是基于文字提示（Prompt）来生成所描述画面的图像的模型。这类工作中最具代表性的是 GLIDE（Guided Language to Image Diffusion for Generation and Editing，有引导的文本-图像生成扩散）模型，它结合了扩散模型和文本到图像模型的优势，前者可以产生逼真的图像，后者可以处理自由形式的提示。GLIDE 还提出了两种新的引导技术，用于引导扩散模型走向文本提示，即 CLIP 引导和无分类器引导（Classifier-Free Guided）。

在 CLIP 引导的扩散模型中，CLIP 通过分析文本输入并识别应在生成的图像中出现的关键特征来指导扩散模型。然后，扩散模型生成一组多样化的图像，以匹配文本描述，而 CLIP 评估每个图像，以确定哪个最符合输入文本。通过迭代此过程，该模型可以生成与特定文本描述相匹配的高质量图像。图 6.4 中展示了 GLIDE 在文本引导下生成的图像。

无分类器引导的扩散模型的图像生成过程不使用明确的分类器来指导图像生成，而是

(a) 一只在使用计算器的刺猬

(b) 一只打着红色领结、戴着紫色派对帽的柯基犬

(c) 一幅梵高《星空》风格的狐狸画像

(d) 一幅太空电梯的蜡笔画

(e) 一面熊猫吃竹子的彩色玻璃窗

(f) 一幅秋天的风景照：湖边有一间小别墅

图 6.4　GLIDE 在文本引导下生成的图像

使用从大型图像数据集中学习到的潜在空间来基于文本输入生成新的图像。这种技术的理念在于，通过学习图像空间的连续表示，GLIDE 可以生成不受分类器的使用类别或标签限制的图像。这使得 GLIDE 可以生成一组多样化的图像，以匹配输入的文本描述，即使该描述没有明确的预定义类别。为了使用无分类器引导技术生成图像，GLIDE 将输入文本映射到已学习的潜在空间中的潜在编码，然后使用生成模型从该编码生成图像。生成模型经过训练，可以生成与数据集中图像分布相匹配的高质量图像，而潜在编码则被优化为生成与输入文本匹配的图像。因此利用 GLIDE 中的无分类器引导技术可以生成与特定文本输入相匹配的高质量和多样化的图像，而不受预定义的类别或标签的限制。

6.3.4　DALL·E 2

　　DALL·E 2 结合了 CLIP 和扩散模型，提高了文本条件下的图像生成效果，是一个十分有代表性的从用户给定的文本中生成不同风格图像的模型。它使用一个两阶段的模型进行文本条件下的图像生成，如图 6.5 所示，虚线以上是 CLIP 模型，虚线以下是 DALL·E 2

根据文本生成图像的过程。第一阶段是一个先验器，它生成一个给定文本的 CLIP 图像编码。第二阶段是一个解码器，生成一个以图像编码为条件的图像。DALL·E 2 的先验器和解码器都使用了扩散模型，其中在解码器阶段使用了 6.3.3 节中介绍的 GLIDE 模型。DALL·E 2 提高了文本生成图像的多样性、逼真度和标题的相似性。并且在图像风格转换、图像融合等方面都有出色的能力。

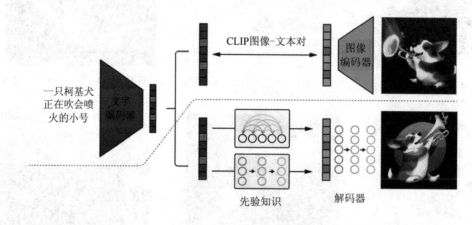

图 6.5　DALL·E 2 的流程图

6.3.5　更稳定的扩散模型

LDM(Latent Diffusion Model，潜在扩散模型)是一种计算资源更少、灵活性更高的扩散模型。LDM 在各种图像合成任务上取得了最先进的结果，如绘画、文本到图像和超分辨率。

LDM 通过在预训练自动编码器的潜在空间(Latent Space)中应用扩散模型来减少数据的维度和复杂性，同时保留了其质量和语义结构。此外，LDM 还在模型架构中引入了交叉注意力层，这使它们能够处理常见的输入，如文本或边界框，从而增加了扩散模型的灵活性。可以看出，之所以 LDM 是一种稳定的扩散模型，是因为它是一种在压缩的潜在空间而不在像素空间中运作的扩散模型。这使得图像生成过程比纯扩散模型更快、更稳定，因为纯扩散模型需要在嘈杂的像素图像上反复评估。

第7章 ChatGPT核心技术
——Transformer

ChatGPT 的火热，其背后主要的核心技术之一为 Transformer，它是 ChatGPT 计算逻辑的主要算法来源。Transformer 算法是在 2017 年由 Vaswani A 等人在 NIPS 上发表的一篇名为"Attention Is All You Need"的论文中提出的。Transformer 模型是一种自然语言处理模型，与已有的卷积神经网络(CNN)和循环神经网络(RNN)并称为自然语言领域中的三大主流特征提取器。与 CNN 和 RNN 不同，它的整体网络由注意力机制与前馈网络构成。随着 Transformer 的不断发展，它逐渐从自然语言处理领域扩展到其他各个领域，如计算机视觉(CV)、语音等领域。同时，Transformer 也在性能等方面取得了巨大的成功。本章将介绍 Transformer 的主要核心原理。

7.1 整 体 结 构

Transformer 的模型结构与 Seq2Seq 相似，均采用编码器-解码器的结构。如图 7.1 所示，对于输入序列"我是一个土豆"，在经过左边编码器进行编码之后送入右边解码器进行解码，最终输出输入序列的英语翻译"I am a potato"。

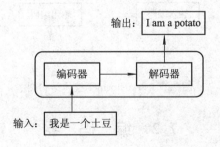

图 7.1　序列编码-解码示意图

Transformer 模型的具体结构如图 7.2 所示，图中左边的是编码器，右边的是解码器，编码器-解码器结构采用堆叠的多头注意力机制加全连接前馈网络层。然而，与 Seq2Seq 不同的是，Transformer 模型还包含 Transformer 块、Add & Norm 操作以及位置编码。其中，Transformer 块替换了 Seq2seq 模型中的循环网络。它包括了多头注意力层以及两个前馈网络（Feed-Forward Networks，FFN）。Add & Norm 层对多头注意力层和前馈网络的输出进行处理，该层包含残差结构以及层归一化。由于自注意力层并没有区分元素的顺序，因此一个位置编码层被用于向序列元素里添加位置信息。

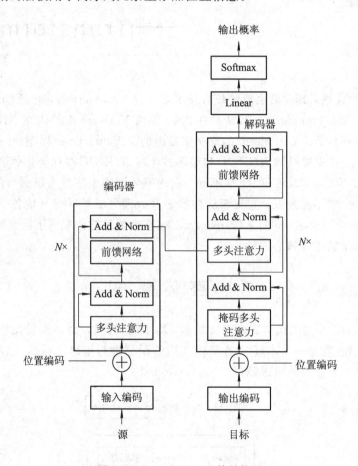

图 7.2　Transformer 整体结构图

7.2　编　码　器

　　Transformer 模型的编码器由 6 个相同的 Transformer 块结构堆叠而成。每个 Transformer 块由一个多头自注意力机制和一个全连接层前馈网络构成，且每个块之后引入了 Add & Norm 层进行归一化。每个子层的输出归一化可表示为 $\mathrm{LayerNorm}(x + \mathrm{Sublayer}(x))$，需要注意的是，模块中所有子层的输出的维数均为 512。

1. 自注意力机制

Transformer 的核心之一为自注意力机制。它可以对长序列进行远距离建模，也就是可以让机器注意到整个输入中不同部分之间的相关性。下面详细介绍自注意力机制原理，如图 7.3 所示。

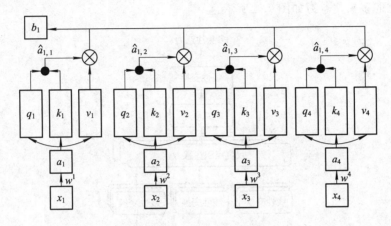

图 7.3　自注意力机制原理图

首先，对于输入序列进行变换得到其对应的 q、k、v 值，即对于输入序列 $\boldsymbol{x} = \{x_1, x_2, x_3, \cdots\}$，先进行变换得到 $\boldsymbol{a} = \{a_1, a_2, a_3, \cdots\}$，对于每个输入有

$$\begin{cases} a_i = w^i x_i \\ q_i = w^q a_i \\ k_i = w^k a_i \\ v_i = w^v a_i \end{cases} \tag{7-1}$$

其中，w 为线性变换，往往可以由卷积操作作为具体的变换方式。

其次，对于每个 q_i 与 k_i 进行点积运算得到各个 $a_{1, i}$，表示为

$$a_{1, i} = q_i \cdot \frac{k_i}{\sqrt{d}} \tag{7-2}$$

其中，d 为 q 和 k 的维度。

然后，对于每一个 $a_{1, i}$ 经过 Softmax 之后得到 $\hat{a}_{1, i}$。具体的可以表示为

$$\hat{a}_{1, i} = \frac{\exp(a_{1, i})}{\displaystyle\sum_{i=1}^{n} \exp(a_{1, i})} \tag{7-3}$$

最后，对于所有的 $\hat{a}_{1, j}$ 与对应的 v_i 分别做乘积之后求和得到输出 b_1。可表示为

$$b_1 = \sum_{i=1}^{n} \hat{a}_{1,\,i} v_i \qquad\qquad (7-4)$$

2. 多头注意力

多头注意力则是在自注意力的基础上，对 Q、K、V 进行不同的线性变换，得到多种 Q、K、V，进一步计算出不同的自注意力。最后将所有的自注意力结果拼接在一起，得到多头注意力。典型的多头注意力如图 7.4 所示。

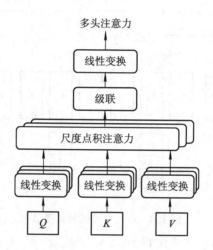

图 7.4　多头注意力机制

多头注意力机制可以表示为

$$\text{MHA}(Q,\,K,\,V) = \text{Concat}(\,\text{SA}(Q_1,\,K_1,\,V_1),\,\cdots,\,\text{SA}(Q_i,\,K_i,\,V_i)) \qquad (7-5)$$

式中，SA 代表自注意力机制，表达式为

$$\text{SA}(Q,\,K,\,V) = \text{Softmax}\!\left(\frac{QK^{\text{T}}}{\sqrt{d_k}}\right)V \qquad\qquad (7-6)$$

其中，$\dfrac{QK^{\text{T}}}{\sqrt{d_k}}$ 为注意力矩阵。

7.3　解　码　器

Transformer 解码器也由 6 个相同的块结构堆叠而成，每个块结构在编码器两个子层的基础之上，增加了第三个子层，即增加了一个掩码多头自注意力子层。与编码器类似，在块中的每一个子层之后，增加一个归一化层（Add & Norm）。在解码器端，对解码器堆栈中的自注意力子层进行了修改，以防止位置编码和后续位置编码相关，通过这种掩蔽，确保了对位置 i 的预测只能依赖于小于 i 的位置的已知输出。

7.4 嵌 入

关于嵌入，本节首先介绍了 One-Hot 编码的概念，然后介绍了 Transformer 结构中涉及的词嵌入以及位置嵌入。

1. One-Hot 编码

在计算机视觉中，我们通常将输入图片转换为四维（批，通道，长，宽）张量来表示。而在自然语言处理中，可以将输入单词用 One-Hot 形式编码成序列向量。向量长度是预定义的词汇表中拥有的单词量，向量在这一维中的值中只有一个位置是 1，其余都是 0，1 对应的位置就是词汇表中表示这个单词的地方。

2. 词嵌入

One-Hot 形式简洁，但是劣势在于稀疏性。而且这种编码方式无法体现词与词之间的关系。比如"爱"和"喜欢"这两个词，它们的意思是相近的，但基于 One-Hot 编码后的结果取决于它们在词汇表中的位置，无法体现出它们之间的关系。但是词嵌入的方式可以使得意思相近的词有相近的表示结果。经过词嵌入，我们获得了词与词之间关系的表达形式，但是词在句子中的位置关系还无法体现。

3. 位置嵌入

由于 Transformer 模型中既没有递归，也没有卷积，因此如果需要获得输入序列精准的位置信息，就必须插入位置编码。位置编码精准地描述了输入序列中各个单词的绝对和相对位置信息，即在编码器-解码器的底部输入嵌入中注入"位置编码"，位置编码和输入嵌入有相同的维度，所以二者可以实现相加运算。常见的位置嵌入方式有两种：通过网络学习的方式和某种预定义函数计算的方式。最初提出 Transformer 的论文"Attention Is All You Need"中，对以上两种方式都做了探究，发现最终效果相当。最终，论文采用了第 2 种方式，该方式可以减少模型参数量，同时还能适应即使在训练集中没有出现过的句子长度。Transformer 模型中采用的是频率不同的三角函数，位置编码（PE）的具体计算公式如下：

$$PE_{(pos,\, 2i)} = \sin\left(\frac{pos}{10\ 000^{\frac{2i}{d_{model}}}}\right) \tag{7-7}$$

$$PE_{(pos,\, 2i+1)} = \cos\left(\frac{pos}{10\ 000^{\frac{2i}{d_{model}}}}\right) \tag{7-8}$$

其中，pos 代表的是词在句子中的位置，d 是词向量的维度（通常经过词嵌入后是 512），$2i$ 代表的是 d 中的偶数维度，$(2i+1)$ 则代表的是奇数维度，这种计算方式使得每一维都对应一个正弦曲线。

7.5　模型优缺点

在过去 10 年发生的这场深度学习革命中，自然语言处理（NLP）在某种程度上是后来者，马萨诸塞大学洛厄尔分校的计算机科学家 Anna Rumshisky 表示，从某种意义上说，NLP 曾落后于计算机视觉，而 Transformer 改变了这一点。

Transformer 突破了 RNN 模型无法并行计算的限制，注意力机制为输入序列中的任何位置提供上下文信息，具有并行性，而且还具有位置关联操作不受限、全局表征能力强、通用性强和可扩展性强等优势，从而使得 GPT 模型具有优异的表现。具体地说，其模型优点在于算法设计创新、可建立长距离依赖、不局限于 NLP 领域，且算法并行性较好，便于在硬件环境中部署。当然，Transformer 模型依然存在一些局限性，如缺乏局部特征能力、位置特征仍有待增强、训练代价大，以及架构存在内存占用大、延迟高的问题，这阻碍了它们的高效部署和推理。

第8章 ChatGPT核心技术
——基于人类反馈的强化学习

ChatGPT 的主要学习方法是基于人类反馈的强化学习（Reinforcement Learning from Human Feedback，RLHF），本章对该技术原理进行介绍。首先给出了经典的强化学习算法的定义与分类；之后介绍了 ChatGPT 学习过程中用到的优化算法：近端策略优化（PPO）；接下来以此作为基础，对基于人类反馈的强化学习的整体流程进行了介绍；最后简单提及了第 7 章与本章的交叉方向：Transformer＋强化学习，供读者了解这一交叉领域。

8.1 强化学习

强化学习是赋予机器智慧的一个重要方法，随着智能技术与深度学习的发展，强化学习也衍生出了多种方向。本节给出了强化学习的基本定义以及目前主流的强化学习分类。

8.1.1 基本定义

强化学习（Reinforcement Learning，RL）是机器学习中的一个重要领域，它通过让智能体（Agent）不断与环境（Environment）进行交互，最终让智能体能够自动从环境中获取最大化的收益，如图 8.1 所示。因此可以看出，强化学习与常见的监督学习不同，它不需要我们提供有标签的数据来训练，而是通过智能体探索环境并产生动作（Action），该动作作用于环境，环境状态（State）发生改变，反馈（Reward）给智能体，智能体根据环境给予的反馈信号不断学习，从而最大化自己的收益。

强化学习可以被抽象为一个马尔科夫决策过程，它可以用 (S, A, P, R, ρ_0) 五个参数来表示。其中 S 为环境的状态空间，它包含环境所有可能的状态分布；A 为智能体的动作空间，它包含智能体所有可能的动作；P 是状态转移函数，它表示智能体在状态 s_t 下采取动作 a_t 后转移到状态 s_{t+1} 的概率，记为 $p(s_{t+1}|s_t, a_t)$；R 表示奖励函数，它表示智能体在状态 s_t 下采取动作 a_t 后转移到状态 s_{t+1} 得到的奖励值，即 $r_t = R(s_t, a_t, s_{t+1})$，然而多数情况下，我们只考虑智能体在状态 s_t 下采取动作 a_t 后的奖励值，即 $r_t = R(s_t, a_t)$；最后的参数 ρ_0 表示初始状态分布。

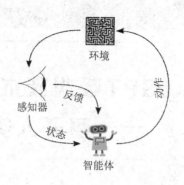

图 8.1 强化学习的基本流程

在强化学习过程中，智能体判断自己的初始状态 s_0，然后执行动作 a_0 后根据状态转移函数 $p(s_1|s_0, a_0)$ 转移到状态 s_1，那么此时在 $t=0$ 时刻得到奖励值 r_0 之后，智能体继续与环境交互，直至到达特定的状态或是条件。我们将终止时刻记为 T，智能体初始时刻到终止时刻的轨迹记为 $\tau=(s_0, a_0, s_1, a_1, \cdots, s_T, a_T)$，这一过程中得到的累计奖励记为 $R(\tau)=\sum_{t=0}^{T} r_t$。强化学习的目标便是寻找一个策略（Policy），使得累计奖励 $R(\tau)$ 最大。这里的策略强化学习中待优化的变量，由于强化学习是一个马尔科夫过程，它意味着当前状态下的策略与之前状态无关，因此策略可以记为 $\pi(a|s)$，它表示在状态 s 下，智能体动作 a 的概率分布。

强化学习还引入了两个重要的函数：状态值函数（State Value Function）和状态动作值函数（State-Action Value Function），这两个函数均是与未来累计奖励有关的函数，并且二者之间存在关联。状态值函数 $V(s_t)$ 表示智能体处在当前状态 s_t 时未来的累计期望，如下式所示：

$$V(s_t) = \sum_{a_t} \pi(a_t \mid s_t) Q(s_t, a_t) \tag{8-1}$$

式中的 $Q(s_t, a)$ 便是状态动作值函数，表示智能体在状态 s_t 下采取动作 a 得到的未来累计奖励，它与 $V(s_t)$ 的关系如下式所示：

$$Q(s_t, a_t) = \sum_{s_{t+1}} p(s_{t+1} \mid s_t, a_t) [R(s_t, a_t) + V(s_{t+1})] \tag{8-2}$$

8.1.2 强化学习的分类

强化学习算法众多，假设条件与求解的角度也不尽相同，因此无法很准确地对所有强化学习算法进行归类。这里我们介绍三种常见的分类方法。

1. 基于模型/无模型的强化学习

我们可以将强化学习分为基于模型的强化学习（Model-Based RL）和无模型的强化学习

（Model-Free RL）。具体来说，如果状态转移函数 P 和奖励函数 R 已知，就可以认为此时强化学习求解的条件中已知环境的建模，也就是属于基于模型的强化学习；反之，如果这二者均不可知，此时的强化学习就属于无模型的强化学习。图 8.2 中展示了一个强化学习的基本分类。

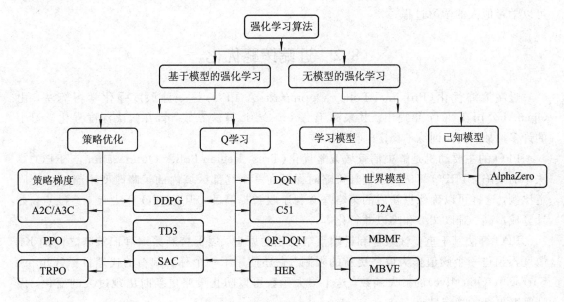

图 8.2　强化学习的分类

基于模型的强化学习可以让智能体根据环境以及未来的选择，找到当前状态下的最优解。然而当智能体面对一个新的环境时，它只能够从已经学习到的模型中寻找当前新环境中的最优解，所以很容易在当前环境中作出错误的选择。另一方面，因为状态转移函数 P 和奖励函数 R 在实际应用中很难定义，需要智能体自己与环境交互感知，所以与基于模型的强化学习方法相比，无模型方法得到了更广泛的开发和测试。虽然无模型的强化学习方法没有对环境建模，但它们往往更实用并且能够动态调整。

2. 基于策略/基于值的强化学习

根据强化学习方法是以策略为中心还是以值函数为中心，我们可以将强化学习分为基于策略的强化学习（Policy-Based RL）和基于值的强化学习（Value-Based RL）两大类。

基于策略的强化学习方法直接输出下一步动作的概率，但是在选择动作时，并不会根据概率的大小来选取，它会从整体进行考虑。这种方法适用于非连续和连续的动作。基于值的强化学习方法输出的则是动作值，采用值最高的动作作为下一步的动作，适用于非连续的动作。

3. 同/异策略的强化学习

根据更新 Q 值时,是沿用既定的策略还是使用新的策略,可以将强化学习方法分为同策略的强化学习(On-Policy RL)和异策略的强化学习(Off-Policy RL)。在同策略强化学习中,智能体必须参与学习的过程;而异策略的强化学习中,智能体可以参与学习的过程,也可以学习他人的学习过程。

8.2　近端策略优化

近端策略优化(Proximal Policy Optimization,PPO)是一种深度强化学习算法,由 OpenAI 公司在 2017 年提出。其来源于 Actor-Critic 算法家族,旨在解决深度强化学习中的许多挑战,例如训练不稳定、收敛困难等。

PPO 的主要动机是解决信赖域策略优化(Trust Region Policy Optimization,TRPO)算法中的缺陷。TRPO 算法要求更新策略时保证在一个局部区域内的策略改变不超过一个固定比例,这样可以确保更新后的策略是有利于收益提高的。但 TRPO 算法有一些缺点,如计算成本高、难以调参和难以并行化等。

PPO 算法基于重要性采样和近端策略优化的思想,以保持新策略和旧策略之间的 KL 散度不超过一个阈值作为策略更新的限制。它还使用了一个称为裁剪的代理目标(Clipped Surrogate Objective)的损失函数,这个损失函数可以防止策略更新时出现过大的变化,保证策略更新的稳定性。

概括来讲,PPO 的方法包括两个部分:策略评估和策略改进。策略评估通过收集经验数据来估计当前策略的性能,策略改进则通过更新策略以提高性能。这两个部分反复迭代,直到策略达到收敛。在每个迭代步骤中,PPO 会使用一个 mini-batch 的数据来更新策略,以增加样本的多样性。同时,它还会利用一个参数来控制新策略和旧策略之间的 KL 散度,以确保策略更新的稳定性。本节首先从策略梯度算法开始介绍,然后拓展到 TPRO 算法,进一步得到 PPO 算法。

8.2.1　策略梯度

策略梯度(Policy Gradient)算法是一种基于梯度的强化学习算法,用于直接优化策略函数的参数,策略函数的参数通常用一个神经网络表示,参数为 θ。其主要思想是通过最大化期望回报函数 $J(\pi_\theta) = \underset{\tau \sim \pi_\theta}{E}(R(\tau))$,来更新策略函数的参数 θ,使得策略函数能够更好地选择动作来优化长期回报。

期望回报函数 $J(\pi_\theta)$ 是每一条轨迹的回报值的期望,表达式为

$$J(\pi_\theta) = \underset{\tau \sim \pi_\theta}{E}[R(\tau)] = \int_\tau P(\tau \mid \theta)R(\tau) \tag{8-3}$$

要想得到 $J(\pi_\theta)$ 的梯度，我们首先要计算每一条轨迹 $\tau = (s_0, a_0, \cdots, s_{t+1})$ 出现的概率 $P(\tau|\theta)$，如下式所示：

$$P(\tau \mid \theta) = \rho_0(s_0) \prod_{t=0}^{T} P(s_{t+1} \mid s_t, a_t) \pi_\theta(a_t \mid s_t) \tag{8-4}$$

将等式两边同时取对数可以得到

$$\log P(\tau \mid \theta) = \log \rho_0(s_0) + \sum_{t=0}^{T} (\log P(s_{t+1} \mid s_t, a_t) + \log \pi_\theta(a_t \mid s_t)) \tag{8-5}$$

由于环境对于 θ 没有任何依赖，因此式中的 $\rho_0(s_0)$、$P(s_{t+1}|s_t, a_t)$ 和 $R(\tau)$ 对 θ 求导后梯度均为 0。上式对 θ 求导得到

$$\nabla_\theta \log P(\tau \mid \theta) = \nabla_\theta \log \rho_0(s_0) + \sum_{t=0}^{T} (\nabla_\theta \log P(s_{t+1} \mid s_t, a_t) + \nabla_\theta \log \pi_\theta(a_t \mid s_t))$$

$$= \sum_{t=0}^{T} \nabla_\theta \log \pi_\theta(a_t \mid s_t) \tag{8-6}$$

利用对数函数求导法则：

$$\nabla_\theta \log g[f(\theta)] = \frac{\nabla_\theta g[f(\theta)]}{g[f(\theta)]} \tag{8-7}$$

得到

$$\nabla_\theta P(\tau \mid \theta) = P(\tau \mid \theta) \nabla_\theta \log P(\tau \mid \theta) \tag{8-8}$$

之后，对式(8-3)的期望回报函数 $J(\pi_\theta)$ 求导，并将式(8-6)和式(8-8)带入便可以得到 $\nabla_\theta J(\pi_\theta)$：

$$\nabla_\theta J(\pi_\theta) = \nabla_\theta \mathop{E}_{\tau \sim \pi_\theta}[R(\tau)] = \nabla_\theta \int_\tau P(\tau \mid \theta) R(\tau) = \int_\tau \nabla_\theta P(\tau \mid \theta) R(\tau)$$

$$= \int_\tau P(\tau \mid \theta) \nabla_\theta \log P(\tau \mid \theta) R(\tau) = \mathop{E}_{\tau \sim \pi_\theta}[R(\tau) \nabla_\theta \log P(\tau \mid \theta)]$$

$$= \mathop{E}_{\tau \sim \pi_\theta}\left[R(\tau) \sum_{t=0}^{T} \nabla_\theta \log \pi_\theta(a_t \mid s_t)\right] \tag{8-9}$$

在训练过程中，首先用策略函数生成一系列轨迹，即一系列状态、动作和回报的序列。这些轨迹可以通过采样的方式获得。然后，计算每个轨迹的回报和对应的概率，用这些信息来计算策略函数的梯度。这个梯度指向回报增加的方向，所以我们希望尽可能地沿着这个梯度更新策略函数的参数。最后，使用梯度上升法更新策略函数的参数，使得策略函数能够更好地选择动作来优化长期回报。

但是，直接应用式(8-9)对参数进行更新有两个问题。首先，由于 $R(\tau)$ 是非负值，因此在优化 θ 时，每一对 $(a_t|s_t)$ 出现的概率都会增加，只不过增幅的大小由 $R(\tau)$ 决定。但是在训练过程中，轨迹是通过采样得到的。因此当某些回报值高的轨迹没有被采样到的时候，它们的概率会被降低。为了避免这种情况，通常为 $R(\tau)$ 添加一个基线函数，式(8-9)变成

下式：

$$\nabla_\theta J\left(\pi_\theta\right) = E_{\tau \sim \pi_\theta}\left[\left(R(\tau) - b(s_t)\right)\sum_{t=0}^{T}\nabla_\theta\log\pi_\theta\left(a_t \mid s_t\right)\right] \qquad (8-10)$$

式中的函数 $b(s_t)$ 一般被称为基线函数，最常见的是 $V_{\pi_\theta}(s_t)$。

另一个问题是，智能体在状态 s_t 下决策的回报应该只与它未来的奖励有关，而在决策前已经获得的奖励不应该影响决策。因此应该将式(8-10)修改为

$$\nabla_\theta J\left(\pi_\theta\right) = E_{\tau \sim \pi_\theta}\left[\sum_{t=0}^{T}\nabla_\theta\log\pi_\theta\left(a_t \mid s_t\right)\left(\sum_{t'=t}^{T}R\left(s_{t'},\, a_{t'},\, s_{t'+1}\right) - b(s_t)\right)\right] \qquad (8-11)$$

上式意味着：在计算梯度时，我们需要计算每一时刻下的动作 s_t 相比于所有动作的平均水平相比是好还是坏。在实际实验过程中，这也会让策略学习更快更稳定。

定义 $A_t = Q(s_t,\, a_t) - V(s_t)$，并且注意到 $\sum_{t'=t}^{T}R\left(s_{t'},\, a_{t'},\, s_{t'+1}\right) = Q(s_t,\, a_t)$，若取 $b_t = V(s_t)$，便得到了经典的策略梯度算法的公式：

$$\begin{aligned}
\nabla_\theta J\left(\pi_\theta\right) &= E_{\tau \sim \pi_\theta}\left[\sum_{t=0}^{T}\nabla_\theta\log\pi_\theta\left(a_t \mid s_t\right)\left(Q(s_t,\, a_t) - V(s_t)\right)\right] \\
&= E_{\tau \sim \pi_\theta}\left[\sum_{t=0}^{T}\nabla_\theta\log\pi_\theta\left(a_t \mid s_t\right)A_t\right] \\
&= E_{\tau \sim \pi_\theta}\left[E_t\,\nabla_\theta\log\pi_\theta\left(a_t \mid s_t\right)A_t\right] \qquad (8-12)
\end{aligned}$$

8.2.2 信赖域策略优化算法

在策略梯度(Policy Gradient)算法中，策略函数的更新通常使用梯度上升法，即每次迭代使用整个数据集计算梯度，并更新策略函数的参数 θ。这种方法容易导致策略函数的变化过大，从而使得更新后的策略函数效果不如更新前的策略函数。

TRPO 算法引入了一个 KL 约束项，用于限制新策略和旧策略之间的差距，从而保证策略更新的稳定性。具体来说，TRPO 算法在每次更新策略函数之前，先计算新策略和旧策略之间的 KL 散度，然后将 KL 散度限制在一个特定的范围内。这个范围通常是由一个超参数控制的。

通过引入 KL 约束项，TRPO 算法保证了每次更新策略函数的幅度不会过大，从而避免了策略梯度算法中策略函数更新过程中出现的不稳定性问题。此外，KL 约束项还可以确保每次更新策略函数后，策略函数的性能不会降低，从而保证算法的收敛性和性能。因此 TPRO 将策略梯度的目标函数修正如下：

$$\begin{cases}
\underset{\theta}{\text{maximize}}\ E_t\left[\dfrac{\pi_\theta\left(a_t \mid s_t\right)}{\pi_{\theta_{\text{old}}}\left(a_t \mid s_t\right)}A_t\right] \\
\text{s.\,t.}\ E_t\left[KL\left[\pi_{\theta_{\text{old}}}\left(\cdot \mid s_t\right),\, \pi_\theta\left(\cdot \mid s_t\right)\right]\right] \leqslant \delta
\end{cases} \qquad (8-13)$$

式中，maximize $f(\theta)$ 表示寻找 θ，使得 $f(\theta)$ 最大；θ_{old} 代表更新之前的参数。该问题可以通过共轭梯度算法进行近似求解，其中需要对目标函数作线性逼近，对约束条件作二次逼近。

下面我们介绍 TPRO 是如何从梯度策略演变为式(8-13)的。

令 $\eta(\pi) = E_{\tau \sim \pi_\theta} \left[\sum\limits_{t=0}^{\infty} \gamma^t (r(s_t)) \right]$ 表示策略对应的有折扣的累积奖励函数，其中 $\gamma \in (0, 1)$ 表示折扣因子，π 和 $\tilde{\pi}$ 分别表示新、旧策略，由于：

$$
\begin{aligned}
E_{\tau \sim \pi} \left[\sum_{t=0}^{\infty} \gamma^t A_\pi (s_t, a_t) \right] &= E_{\tau \sim \tilde{\pi}} \left[\sum_{t=0}^{\infty} \gamma^t (r(s) + \gamma V_\pi (s_{t+1}) - V_\pi (s_t)) \right] \\
&= E_{\tau \sim \tilde{\pi}} \left[\sum_{t=0}^{\infty} \gamma^t (r(s_t)) + \sum_{t=0}^{\infty} \gamma^t (\gamma V_\pi (s_{t+1}) - V_\pi (s_t)) \right] \\
&= E_{\tau \sim \tilde{\pi}} \left[\sum_{t=0}^{\infty} \gamma^t (r(s_t)) \right] + E_{s_0} \left[-V_\pi (s_0) \right] \\
&= \eta(\tilde{\pi}) - \eta(\pi)
\end{aligned}
\tag{8-14}
$$

所以，将上式整理可以得到

$$
\eta(\tilde{\pi}) = \eta(\pi) + E_{\tau \sim \tilde{\pi}} \left[\sum_{t=0}^{\infty} \gamma^t A_\pi (s_t, a_t) \right]
\tag{8-15}
$$

上式表明，将新策略对应的回报函数 $\eta(\tilde{\pi})$ 分解为旧策略对应的回报函数 $\eta(\pi)$ 加上其他项，只要新策略对应的其他项大于等于零，则可以保证回报函数单调不减。在此基础上，定义：

$$
\rho_\pi (s) = \sum_{t=0}^{\infty} \gamma^t P(s_t = s)
\tag{8-16}
$$

则可以通过下式来改写式(8-15)，从而替换掉时间序列求和操作：

$$
\begin{aligned}
\eta(\tilde{\pi}) &= \eta(\pi) + \sum_{t=0}^{\infty} \sum_s P(s_t = s \mid \tilde{\pi}) \sum_a \tilde{\pi}(a \mid s) \gamma^t A_\pi (s, a) \\
&= \eta(\pi) + \sum_s \sum_{t=0}^{\infty} \gamma^t P(s_t = s \mid \tilde{\pi}) \sum_a \tilde{\pi}(a \mid s) A_\pi (s, a) \\
&= \eta(\pi) + \sum_s \rho_{\tilde{\pi}}(s) \sum_a \tilde{\pi}(a \mid s) A_\pi (s, a)
\end{aligned}
\tag{8-17}
$$

该方程意味着，如果在每个状态下都具有非负预期优势，也就是 $\sum\limits_a \tilde{\pi}(a \mid s) A_\pi (s, a) \geqslant 0$，任何策略更新 $\pi \to \tilde{\pi}$ 都可以保证提高策略性能，或者在所有状态下的预期优势都为零的情况下保持其不变。但是在公式(8-17)中 $\rho_{\tilde{\pi}}(s)$ 含有新策略 $\tilde{\pi}$，同时 $\tilde{\pi}(a \mid s)$ 同样也含有新策略 $\tilde{\pi}$，这个复杂的依赖关系让式(8-17)难以优化，因此需要用下式对 η 进行局部逼近：

$$
L_\pi(\tilde{\pi}) = \eta(\pi) + \sum_s \rho_\pi (s) \sum_a \tilde{\pi}(a \mid s) A_\pi (s, a)
\tag{8-18}
$$

式中$L_\pi(\tilde{\pi})$用来表示相对于旧策略，新策略产生的奖励。与式(8-17)不同的是，式(8-18)采用了访问频率ρ_π，而非$\rho_{\tilde{\pi}}$。接下来利用 Kakade 等人给出的结论，便可以得到：当策略函数$\pi_\theta(a|s)$对θ可微的时候，对于$\forall\theta_0$、L_π和η有如下关系：

$$L_{\pi_{\theta_0}}(\pi_{\theta_0}) = \eta(\pi_{\theta_0})$$

$$\nabla_\theta L_{\pi_{\theta_0}}(\pi_\theta)|_{\theta=\theta_0} = \nabla_\theta\eta(\pi_\theta)|_{\theta=\theta_0}$$

由上式可知，当步长$\pi_{\theta_0}\to\tilde{\pi}$足够小时，若$L_{\pi_{\theta_\theta}}$提升，$\eta$也能够提升。但上式并未给出一个合适的步长。为了解决这个问题，Kakada 等人提出一种保守策略迭代(Conservative Policy Iteration，CPI)的策略更新方法，从而给出η的下界。定义当前策略为π_{old}，$\pi'=\underset{\pi}{\arg\max}L_{\pi_{\text{old}}}(\pi)$，那么新的策略$\pi_{\text{new}}$可以表示为当前策略$\pi_{\text{old}}$和贪婪策略$\pi'$的混合：

$$\pi_{\text{new}}(a|s) = (1-\alpha)\pi_{\text{old}}(a|s) + \alpha\pi'(a|s) \tag{8-19}$$

接下来 Kakada 等人推导出了不等式来表示下界：

$$\eta(\pi_{\text{new}}) \geqslant L_{\pi_{\text{old}}}(\pi_{\text{new}}) - \frac{2\varepsilon\gamma}{(1-\gamma)^2}\alpha^2 \tag{8-20}$$

其中$\varepsilon=\underset{s}{\max}E_{a\sim\pi'}[A_\pi(s,a)]$。但此界限仅适用于公式(8-19)生成的混合策略。该策略类在实践中有明显的局限性。式(8-20)的意义在于，如果策略的更新使得右边提升，那么就保证了η的提升。定义整体方差散度(Total Variation Divergence)：

$$D_{\text{TV}}^{\max}(\pi,\tilde{\pi}) = \underset{s}{\max}D_{\text{TV}}(\pi(\cdot|s)\|\tilde{\pi}(\cdot|s)) \tag{8-21}$$

并且注意到$D_{\text{TV}}(p\|q)^2 \leqslant D_{\text{KL}}(p\|q)^2$，可以得到

$$\eta(\tilde{\pi}) \geqslant L_\pi(\tilde{\pi}) - CD_{\text{KL}}^{\max}(\pi,\tilde{\pi}) \tag{8-22}$$

其中$C=\frac{4\varepsilon\gamma}{(1-\gamma)^2}$。上式给出了$\eta(\tilde{\pi})$的下界，记为$M_i=L_\pi(\tilde{\pi})-CD_{\text{KL}}^{\max}(\pi,\tilde{\pi})$，由式(8-22)可以得到

$$\eta(\pi_{i+1}) \geqslant M_i(\pi_{i+1}) \quad \text{且} \quad \eta(\pi_i) = M_i(\pi_i) \tag{8-23}$$

因此

$$\eta(\pi_{i+1}) - \eta(\pi_i) \geqslant M_i(\pi_{i+1}) - M(\pi_i) \tag{8-24}$$

所以通过最大化M_i，便可以保证η是单调递增的。这个使得M_i最大的新的策略就是要更新的策略。在实际中，首先将该问题形式化为

$$\underset{\theta}{\text{maximize}}[L_{\theta_{\text{old}}}(\theta) - CD_{\text{KL}}^{\max}(\theta_{\text{old}},\theta)] \tag{8-25}$$

式中θ_{old}表示需要去提升的旧的策略参数。然而因为惩罚系数$C=\frac{4\varepsilon\gamma}{(1-\gamma)^2}$太大，策略的更新步伐会很小，训练收敛会很慢。因此实际中通常将其转变为约束项，也就是置信区域：

$$\begin{cases} \underset{\theta}{\text{maximize}} L_{\theta_{\text{old}}}(\theta) \\ \text{s.t.} \ D_{\text{KL}}^{\max}(\theta_{\text{old}},\theta) \leqslant \delta \end{cases} \tag{8-26}$$

上式对 θ 的更新幅度作了限制，使得参数可以在置信区域内进行更新。同时这个问题施加了一个约束，即 KL 散度在状态空间中的每个点都是有界的。虽然理论成立，但需要遍历每一个状态 s，在实际操作中很难实现。相反，我们可以使用考虑用平均 KL 散度来代替最大 KL 散度，那么优化目标进一步改为

$$
\begin{cases}
\underset{\theta}{\text{maximize}}\, L_{\theta_{\text{old}}}(\theta) \\
\text{s. t.}\ \ \overline{D}_{\text{KL}}^{\theta_{\text{old}}}(\theta_{\text{old}}, \theta) \leqslant \delta
\end{cases}
\tag{8-27}
$$

其中：

$$
\overline{D}_{\text{KL}}^{\rho}(\theta_1, \theta_2) = E_{s \sim \rho}\left[D_{\text{KL}}(\pi_{\theta_1}(\cdot \mid s) \,\|\, \pi_{\theta_2}(\cdot \mid s))\right]
\tag{8-28}
$$

为了使得式中的目标函数和约束可以用蒙特卡洛方法进行逼近，首先将 $L_{\theta_{\text{old}}}$ 扩展为

$$
\sum_s \rho_{\pi_{\theta_{\text{old}}}}(s) \sum_a \pi_\theta(a \mid s) A_{\theta_{\text{old}}}(s, a)
\tag{8-29}
$$

然后注意到 $\sum_s \rho_{\pi_{\theta_{\text{old}}}}$ 可以用期望 $\dfrac{1}{1-\gamma} E_{s \sim \rho_{\theta_{\text{old}}}}$ 来表示，上式可以写成

$$
E_{s \sim \rho_{\theta_{\text{old}}}} \sum_a \pi_\theta(a \mid s) A_{\theta_{\text{old}}}(s, a)
\tag{8-30}
$$

为了从旧参数中采样来对新的分布进行逼近，这里用到了重要性采样定理。假设 p 和 q 是 x 的两个分布，那么下式成立：

$$
E_{x \sim p}[f(x)] = \int f(x) p(x)\,\mathrm{d}x = \int f(x) \frac{p(x)}{q(x)} q(x)\,\mathrm{d}x = E_{x \sim q}\left[f(x) \frac{p(x)}{q(x)}\right]
\tag{8-31}
$$

由上式可以看出，当我们想要得到 x 在 p 下的分布的 $f(x)$ 的期望值，而无法在分布 p 中采样数据时，可以从另外一个可知的分布 q 中采样，从而间接得到 $E_{x \sim p}[f(x)]$，这便是重要性采样定理。将重要性采样定理应用于目标函数，并用 $Q_{\theta_{\text{old}}}$ 值替换 $A_{\theta_{\text{old}}}$，就得到了 TPRO 的目标函数与约束项：

$$
\begin{cases}
\underset{\theta}{\text{maximize}}\, E_{s \sim \rho_{\theta_{\text{old}}},\, a \sim \pi_{\theta_{\text{old}}}} \left[\dfrac{\pi_\theta(a \mid s)}{\pi_{\theta_{\text{old}}}(a \mid s)} Q_{\theta_{\text{old}}}(s, a)\right] \\
\text{s. t.}\ \ E_{s \sim \rho_{\theta_{\text{old}}}}\left[D_{\text{KL}}(\pi_{\theta_{\text{old}}}(\cdot \mid s) \,\|\, \pi_\theta(\cdot \mid s))\right] \leqslant \delta
\end{cases}
\tag{8-32}
$$

8.2.3　PPO 算法

TPRO 算法在求解的时候，可以使用共轭梯度算法对目标函数进行线性逼近并对约束项进行二次逼近。同时，还可以将约束项作为惩罚项来求解一个无约束项的优化问题，即

$$
\underset{\theta}{\text{maximize}}\, E_t \left[\frac{\pi_\theta(a_t \mid s_t)}{\pi_{\theta_{\text{old}}}(a_t \mid s_t)} A_t - \beta D_{\text{KL}}(\pi_{\theta_{\text{old}}}(\cdot \mid s_t) \,\|\, \pi_\theta(\cdot \mid s_t))\right]
\tag{8-33}
$$

然而式(8-33)中的参数 β 难以确定，并且针对不同的数据分布也有不同的最优值，因此 PPO 提出了两种目标函数。

1. 剪裁的代理目标函数

PPO 中的第一种目标函数是剪裁的代理目标函数（Clipped Surrogate Objective）。为了方便起见，令 $r_t(\theta) = \dfrac{\pi_\theta(a_t \mid s_t)}{\pi_{\theta_{\text{old}}}(a_t \mid s_t)}$，TPRO 的目标函数便可以表示为最大化下面这个代理目标函数

$$L^{\text{CPI}}(\theta) = E_t\left[\frac{\pi_\theta(a_t \mid s_t)}{\pi_{\theta_{\text{old}}}(a_t \mid s_t)} A_t\right] = E_t\left[r_t(\theta) A_t\right] \qquad (8-34)$$

如果上述目标函数没有任何约束项，最大化 L^{CPI} 的过程使得策略更新的步伐非常大。注意，当新旧策略相同时，$r_t(\theta) = 1$，因此可以增加一个惩罚项，来防止 $r_t(\theta)$ 远离 1，上式可以修改为

$$L^{\text{CLIP}}(\theta) = E_t\left[\min(r_t(\theta) A_t, \text{clip}(r_t(\theta), 1-\varepsilon, 1+\varepsilon)A_t)\right]$$

式中，$\min(x, y)$ 表示取二者中的最小值，$\text{clip}(r_t(\theta), 1-\varepsilon, 1+\varepsilon)$ 表示对 $r_t(\theta)$ 的值进行裁剪，将其限制在 $[1-\varepsilon, 1+\varepsilon]$ 之内，ε 是一个超参数。从上式可以看出，第一项为 L^{CPI}，第二项是裁剪项，从而在优化目标函数的值时对其进行限制。图 8.3 展示了 $A>0$ 和 $A<0$ 时 L^{CLIP} 与 r 的关系。图中的实心点表示 $r=1$ 的点，也就是优化起始点。

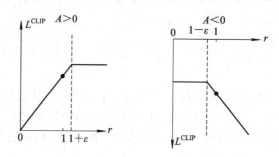

图 8.3　L^{CLIP} 与 r 的关系

当 $A>0$ 时，表示当前行为好，但当更新的比率 r 超过 $1+\varepsilon$ 时，参数更新的幅度过大，应对其进行限制；当更新比率小于 1 时，则可以不加限制。相反，当 $A<0$ 时，表示当前行不好，当更新的比率 r 小于 $1-\varepsilon$ 时，参数更新的幅度过大，应对其进行限制。通过在初始策略参数和更新的策略参数之间进行插值，经过 PPO 迭代一次后计算得到的代理目标函数值如图 8.4 所示，直观展示了策略更新过程中 L^{CLIP} 相比其他目标函数的优势。

2. 自适应 KL 惩罚项

PPO 中的第二种目标函数基于带惩罚函数的式（8-33），通过让 KL 散度惩罚项的系数 β 自适应地变化，从而在每一次策略更新时让散度与预期的散度 d_{targ} 更加接近。在每一次策略更新时执行以下两步操作：

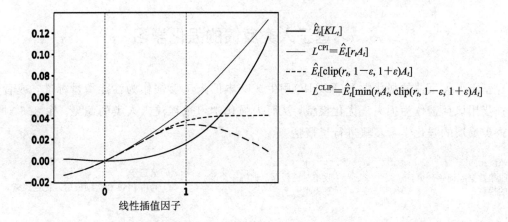

图 8.4　策略更新计算示意图

（1）在 mini-batch 上利用随机梯度下降，优化式（8-33）。

（2）计算

$$d = D_{KL}(\pi_{\theta_{old}}(\cdot \mid s_t) \parallel \pi_\theta(\cdot \mid s_t))$$

若 $d < d_{targ}/1.5$，则 $\beta \leftarrow \dfrac{\beta}{2}$；若 $d > d_{targ} \cdot 1.5$，则 $\beta \leftarrow \beta \cdot 2$。

　　上面两种代理目标函数均可以用策略梯度的方法求解，为了进一步加速收敛，PPO 利用了状态价值函数 $V(s)$ 来降低优势函数的方差；由于策略和价值函数是共享参数的，故还需要利用一个损失项；最后，为了扩大搜索范围，添加一个熵奖励项，那么最终的目标函数如下式所示：

$$L_t^{CLIP+VF+S} = E_t\left[L_t^{CLIP}(\theta) - c_1 L_t^{VF}(\theta) + c_2 S[\pi_\theta](s_t)\right]$$

式中 S 为信息熵，$L_t^{VF} = (V_\theta(s_t) - V_t^{targ})^2$ 为平方误差损失函数。PPO 的伪代码如图 8.5 所示。

PPO算法伪代码（Actor-Critic）

for iteration=1, 2, … do

　　for actor=1, 2, …, N do

　　　　在环境中运行策略 $\pi_{\theta_{old}}$ T次，

　　　　计算预估的优势值 $\hat{A}_1, \cdots, \hat{A}_T$，

　　end for

　　根据 θ 优化代理损失

　　$\theta_{old} \leftarrow \theta$

end for

图 8.5　PPO 伪代码

8.3 基于人类反馈的强化学习

基于人类反馈的强化学习(RLHF)用生成文本的人工反馈作为性能衡量标准，或者更进一步用该反馈作为损失来优化模型，从而为强化学习过程注入人类的偏见。图8.6对基于人类反馈的强化学习步骤进行了概括。

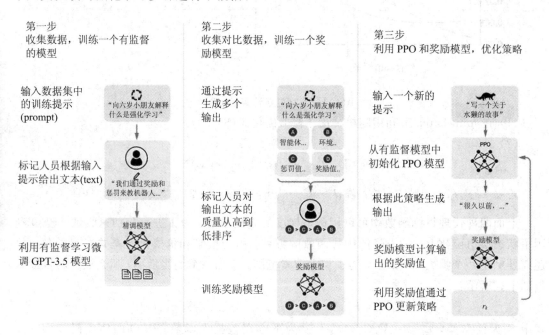

图 8.6　基于人类反馈的强化学习算法总览

相较于传统的强化学习，智能体能够更好地学习人类思考的习惯，使得在一般文本数据语料库上训练的语言模型能和复杂的人类价值观匹配。基于人类反馈的强化学习分为三步：

（1）预训练一个语言模型。首先需要预训练一个语言模型，如图8.7所示。预训练的提示 & 文本对(Prompts & Text Dataset)样本很庞大，模型参数量也随之增加。在预训练结束后，可以使用额外的增强样本(Human Augmented)对模型进行微调，但是这一步并不是必需的，重要的是要预训练一个规模较大的语言模型(Language Model)。

（2）训练奖励模型。训练奖励模型是基于人类反馈的强化学习区别于其他强化学习方

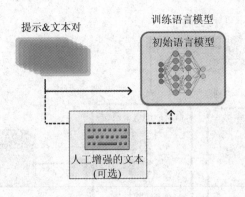

图 8.7　预训练一个语言模型

法的重要一环，它的训练过程如图 8.8 所示。奖励模型本身也是一个语言模型，它的输入是一系列文本，输出是这些文本的奖励值。在训练时，需要人工介入来为语言模型生成的回答进行打分，从而注入人类的偏好。

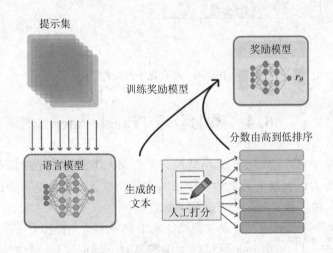

图 8.8　训练奖励模型

（3）用强化学习微调。利用奖励模型，通过强化学习来微调预训练的语言模型。这里强化学习策略的更新利用了 8.2 节介绍的近端策略优化算法，整个微调过程如图 8.9 所示。

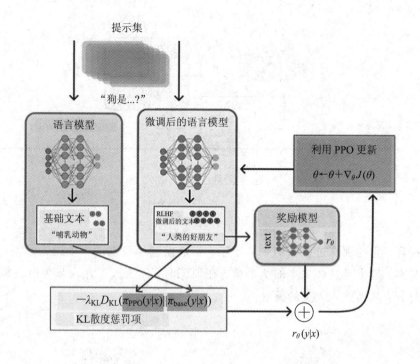

图 8.9　用强化学习微调

8.4　强化学习 Transformer

我们在第 7 章中对 Transformer 模型进行了介绍，作为一种正在快速发展的模型，它强大的特征提取能力也引起了强化学习领域的关注。本节对强化学习中的 Transformer 模型进行简单介绍，供读者了解这一交叉领域的发展。

Transformer 作为自然语言处理和图像处理中的一个重要模型，可以对序列进行编码，因此在强化学习中，Transformer 可以作为编码器对不同的实体、智能体或者历史信息进行编码。此外 Transformer 还可以作为决策网络，来聚合不同的轨迹，从而提升强化学习的性能。图 8.10 展示了 Transformer 在强化学习中的应用。

根据 Li 等人的分类方法，我们可以将强化学习中 Transformer 的应用分为以下四类：表征学习、序列决策、模型学习以及通才智能体，如图 8.11 所示。

当 Transformer 应用于表征学习时，由于强化学习本是要处理一个序列，而 Transformer 模型就是一个序列到序列的模型，因此可以用它来对序列进行编码，在强化

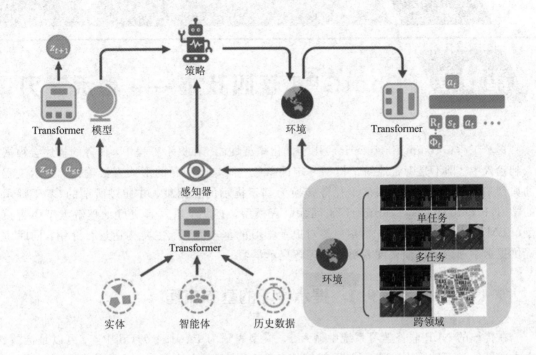

图 8.10　强化学习中的 Transformer 模型示意图

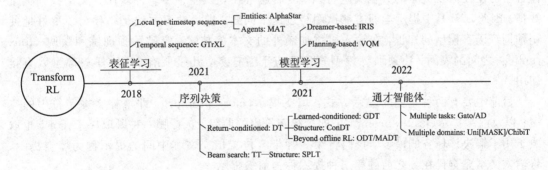

图 8.11　强化学习中 Transformer 的应用分类（时间代表该类模型首次出现的时间）

学习的过程中进行表征学习。在基于模型的强化学习算法中，Transformer 也可以根据历史信息来对环境的变换进行更准确的预测，从而高效地实现强化学习中的模型建模。Transformer 也可以作为决策网络，通过智能体与环境交互，来获得最高的收益。最后，由于 Transformer 可以学习不同形式的数据，因此 Transformer 可以作为一个通才智能体，在不同的环境下解决不同的问题。

第9章　ChatGPT核心技术——提示学习

提示工程(Prompt Engineering)用于优化模型性能。在提示工程中,任务的描述会被嵌入到输入中。即不是隐含地给予模型一定的参数,而是以问题的形式直接输入。提示工程的典型工作方式是将一个或多个任务转换为基于提示的数据集,并通过所谓的"基于提示的学习(Prompt-Based Learning)"来训练语言模型,有助于研发者更好地理解大型语言模型(LLM)的能力和局限性。本章主要对提示学习的基本流程、主要构造进行介绍,同时也提供提示学习的示例使得读者更好地理解提示学习。

9.1　提示学习的基本流程

在传统的 NLP 监督学习系统中输入 x,模型表示为 $P(y|x;\theta)$(其中,y 可以是标签、文本或其他类型的输出),为了学习模型的参数 θ,使用包含输入和输出的数据集进行训练。监督学习往往需要大量的数据集进行训练,而通常在现实生活中,许多任务无法找到大量数据。因此,NLP 中提示学习方法试图绕过这个问题。提示学习方法是一种为了更好地使用预训练语言模型的知识,在输入段添加额外的文本的技术,突破了预训练和微调(fine-tuning)之间的隔阂,让预训练模型直接适应下游任务,几乎所有 NLP 任务都可以直接使用。

目前主要有两种主要的提示方式:填空提示(cloze prompt),即填补文本字符串的空白;以及前缀提示(prefix prompt),即延续字符串的前缀。选择哪一种既取决于任务,也取决于用于解决该任务的模型。我们将第一种带有位置填充文本中间的提示称为填空提示,将输入文本完全排在 z 之前的第二种提示称为前缀提示。

填空提示的一个经典例子是 Petroni 等人提出的。他们研究了预训练语言模型中如何学习到语言知识,主要利用多种数据集构造填空提示,看预训练模型是否能预测出缺失词。例如:I like to eat ( )就是一个填空提示,模型预测空缺位置的词,如果预测正确,说明预训练语言模型学到了这些知识。

前缀提示的一个经典案例是 Brown 等人在 GPT-3 中提出的,设计了多种前缀提示模板用来完成各种 NLP 任务。例如下面的例子中将翻译任务转换成了提示,让模型预测句子末尾的单词,并在文前提供了对于任务的描述文本。

一般来说，对于有关生成的任务，或正在使用标准的自回归语言模型解决的任务，前缀提示往往更有利，因为它们与模型的从左到右学习的性质能够很好地融合。对于使用掩码式语言模型解决的任务（比如 BERT），填空提示更适合，因为它们与预训练任务的形式非常接近。而全文重构任务（FTR）模型的用途更广，既可以使用填空提示，也可以使用前缀提示。最后，对于一些关于多输入的任务，如文本对分类，提示模板必须包含两个输入的空间：[X1]和[X2]或更多。

提示学习可以规范化写为下面的形式。对于输入的文本序列 x，提示工程函数 $f_{\text{prompt}}(x)$ 将 x 转化成提示的形式 x'，即

$$x' = f_{\text{prompt}}(x) \tag{9-1}$$

$f_{\text{prompt}}(x)$ 函数通常会进行两步操作：

（1）使用一个模板，模板通常为一段自然语言，并且包含有两个空位置：用于填输入 x 的位置[X]和用于生成答案文本 z 的位置[Z]。

（2）把输入 x 填到[X]的位置。

在文本情感分类的任务中，假设输入是

〃I love this place.〃

使用的模板是

〃[X]Overall，it is a [Z]place.〃

那么得到的就应该是

〃I love this place. Overall it is a [Z]place.〃

通常情况下，[X]和[Z]的数量可以根据手头任务的需要灵活地改变。

接下来，搜索得分最高的文本。首先将 Z 定义为允许的 z 的集合。例如，在上述例子中，Z 可以是语言中单词的一个小子集，例如定义 $Z=\{\text{〃great〃}，\text{〃fine〃}，\text{〃bad〃}\}$ 来表示标签集 $Y=\{++，+，-\}$ 中的每个类别。然后定义函数 $fill(x'，z)$，将潜在的答案 z 填入提示 x' 中的位置[Z]，这个过程的提示称为填充提示。如果提示被填入一个真实的答案，我们将把它称为一个有答案的提示，比如[Z]中填上任意答案的提示：

I love this place. Overall，it was a bad place.

最后，使用预训练好的大模型 $P(\cdot；\theta)$ 计算其对应的已填充提示的概率，来搜索潜在的答案 z，表示式为

$$\hat{z} = \underset{z \in Z}{\text{search}} P(f_{\text{fill}}(x'，z)；\theta) \tag{9-2}$$

这个搜索函数可以是搜索得分最高的输出的 argmax 搜索，也可以是根据语言模型的概率分布随机生成输出的抽样。

最后，从最高分的答案 $\hat{z}$ 得到最高分的输出 $\hat{y}$。这在某些情况下是很简单的，因为答案

本身就是输出（如翻译等语言生成任务），但也有其他情况，多个答案可能导致相同的输出。例如，人们可能使用多个不同的带感情色彩的词（如"beautiful""great""wonderful"）来代表一个类别（如"＋＋"），在这种情况下，有必要在搜索到的答案和输出值之间再建立一个映射。

9.2 提示学习主要构造

在对提示学习的流程和基本表达有了简单的了解后，本节将继续阐述提示方法中的一些主要设计因素。提示学习的基本工作流程包含以下 4 部分：提示模板（Template）的构造、提示答案空间映射（Verbalizer）的构造、将文本代入模板、使用预训练语言模型进行预测。由此可以得到提示学习主要构造：预训练模型的选择、提示工程以及答案工程。本节主要围绕上述与提示工程相关的内容并结合文献[49]进行梳理和介绍。

9.2.1 预训练模型的选择

总体而言，预训练模型用于计算 $P(\cdot;\theta)$，对于性能有着巨大的影响。在自然语言处理中其目的在于计算包括某种预测文本 x 的概率。通常情况下，预训练模型有着多样的训练目标，包括降噪目标、损坏的文本重建（CTR）以及全文重构等。预训练模型的相关内容已经在第 4 章进行了介绍，这里不再赘述。

9.2.2 提示工程

通过上述规范化的表达，可以发现提示学习中提示工程 $f_{\text{prompt}}(x)$ 的设计十分重要。提示工程（Prompt Engineering，也称为 In-Context Prompting）指在不更新模型参数的前提下，通过输入文本等方法来操控大型语言模型以指导其行为、引导其生成我们需要的结果的方法。目前提示工程还处在经验摸索阶段，不同的模型间所需的提升过程方法以及最终的效果往往会有较大的差异。因此，需要大量实验和启发式的探索。最基础的提示构造方法为人工构造，针对目标问题设计合适的文本模板。提示模板的构造方式对效果的影响非常大，对提示方法成功与否至关重要。因此，需要讨论应该使用哪个提示作为 $f_{\text{prompt}}(x)$ 的方法。

提示最开始就是从手工设计模板开始的。手工设计一般基于人类的自然语言知识，力求得到语义流畅且高效的模板。例如，Petroni 等人在著名的 LAMA 数据集中为知识探针任务手工设计了填空提示；Brown 等人为问答、翻译和探针等任务设计了前缀提示。手工设计模板的好处是较为直观，缺点是需要很多实验、经验以及语言专业知识，代价较大。

为了克服手工设计模板的缺点，许多学者开始探究如何自动学习到合适的模板。自动学习的模板又可以分为离散（Discrete Prompts）和连续（Continuous Prompts）两大类。离散的主要包括提示语挖掘（Prompt Mining）、提示语转述（Prompt Paraphrasing）、基于梯度的搜索（Gradient-based Search）、提示语生成（Prompt Generation）和提示语评分（Prompt Scoring）。连续的则主要包括前缀优化（Prefix Tuning）、用离散提示初始化的优化（Tuning Initialized with Discrete Prompts）和人工–连续提示混合优化（Hard-Soft Prompt Hybrid Tuning）。接下来对每个方法进行简单的介绍。

提示语挖掘：提示语挖掘是 Jiang 等人提出的一种方法，它基于挖掘和释义的方法自动生成高质量和多样化的提示，以及用集成方法组合来自不同提示的答案。在给定一组训练输入 x 和输出 y 的情况下，自动寻找模板。该方法在大型文本语料库（如维基百科）中搜索包含 x 和 y 的字符串，并找到输入和输出之间的中间词或依赖路径。经常出现的中间词或依赖性路径可以作为模板，如"[X]中间词[Z]"。

提示语转述：该方法是基于释义的，主要采用现有的种子提示（例如手动构造），并将其转述成一组其他候选提示，然后选择一个在目标任务上达到最好效果的。一般的做法有：将提示符翻译成另一种语言，然后再翻译回来；使用同义或近义短语来替换等。

基于梯度的搜索：梯度下降搜索的方法是在单词候选集里选择词并组合成提示，利用梯度下降的方式不断尝试组合，从而达到让预训练模型生成需要的词的目的。Shin 等人提出了采用自动搜索提示模板词的方法。其基本思路为，从词表中遍历所有词，看哪些词组成的提示模板能最终生成训练数据中待填充的词，相当于一个逆向操作。如图 9.1 所示，提示模板需要填充的词最开始用[MASK]初始化，然后去看使用哪个词替换[MASK]会让标签正确的概率最大，逐步替换[MASK]，得到模板。

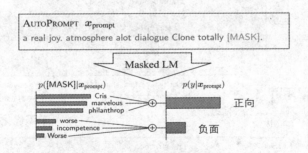

图 9.1　应用 AUTOPROMPT 来探测掩蔽语言模型进行情感分析的能力

提示语生成：该类方法就是将标准的自然语言生成的模型用于生成提示。例如，Gao 等人提出了 LM-BFF 方法，该方法将 seq2seq 预训练的 T5 模型引入模板搜索过程。由于 T5 已经在填补缺失跨度的任务上进行了预训练，他们使用 T5 来生成模板 MASK，主要步骤如下：（1）固定标签词（例如 great 或 terrible 等可以作为二分类任务中代表的词）映射关系；（2）在标签词前后添加填充位（MASK），然后将其送入 T5 模型中，自动生成模板序列；（3）T5 模型输出解码时，解码多个在训练集上表现良好的模板，然后对每一个候选模板进行微调，在其中选择一个最佳模板。

提示语评分：Davison 等人提出将三元组生成一个句子模板，并使用预训练模型评估三元组的模板是否合理。他们首先人工筛选了一组模板作为潜在的候选者，并填补了输入和答案，形成了一个填充提示。然后，他们使用单向模型对这些填充的提示进行打分，选择概率最高的一个模板。这将为每个单独的输入定制模板。

连续提示方法认为没有必要将提示限定为人类可理解的自然语言，因此连续提示方法直接在模型的嵌入空间中进行提示。连续提示消除了两个约束，具体是：放宽了模板词嵌入是自然语言（如英语）词嵌入的限制；取消了模板由预训练的 LM 的参数决定的限制。相反，模板有自己的参数，可以根据下游任务的训练数据进行调整。下面是几个有代表性的方法。

前缀优化：前缀优化是一种将连续的特定任务向量序列预加到输入中的方法，与提示相比，这里不再是真实的词被加入，而是连续序列，同时只对每个任务优化对应的前缀。前缀微调将一个连续的特定于任务的向量序列添加到输入，称之为前缀，如图 9.2 中的红色块所示。与提示不同的是，前缀完全由自由参数组成，与真正的词不对应。相比于传统的微调，前缀微调只优化了前缀。因此，相对于传统微调，前缀优化微调只需要存储一个大型 Transformer 和任务特定前缀，对每个额外下游任务产生非常小的开销。

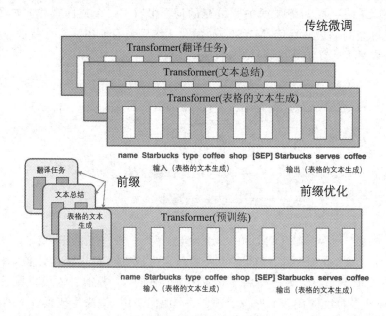

图 9.2　前缀优化的流程图

用离散提示初始化的优化：还有一些方法是用已经创建的提示语或用离散提示语搜索方法发现的提示语来初始化连续提示语的搜索。例如，Zhong 等人提出 OptiPrompt，可以在连续的空间上优化提示，而不是限制在离散的词空间。OptiPrompt 首先使用离散搜索方法如 AutoPrompt 定义一个模板，根据这个发现的提示初始化虚拟词，然后微调嵌入向量以提高任务准确性。这项工作发现，用人工模板初始化可以为搜索过程提供一个更好的起点。

人工-连续提示混合优化：这些方法不使用纯粹的可学习提示模板，而是在人工提示模板中插入一些可优化的嵌入向量。Liu 等人提出了"P-tuning"，即通过在嵌入输入中插入可训练的变量来学习连续的提示语。给定预训练语言模型 $\mathcal{M}$，输入序列 $x_{1:n} = x_0, x_1, \cdots, x_n$ 通过模型 $\mathcal{M}$ 的映射层会被映射为输出编码：$e(x_0), e(x_1), \cdots e(x_n)$。$\mathcal{V}$ 代表语言模型的词汇表 $\mathcal{M}$。模板为 $\mathcal{T}$，$[P_i]$ 为第 i 个提示词。

传统的做法是：给定模板 $\mathcal{T} = \{[P_{0:i}], x, [P_{i+1:m}], y\}$（$y$ 代表目标），传统的离散模板会满足 $[P_i] \in \mathcal{V}$ 并且将 $\mathcal{T}$ 映射为

$$\{e([P_{0:i}]), e(x), e([P_{i+1:m}]), e(y))\} \tag{9-3}$$

P-tuning 的做法是将 $[P_i]$ 视为伪词，将模板映射为

$$\{h_0, \cdots, h_i, e(x), h_{i+1}, \cdots, h_m, e(y)\} \tag{9-4}$$

其中，h_i 是可学习的张量。基于此，能够更好地找到连续的提示，而不是局限于模型 $\mathcal{M}$ 的词汇表表达 $\mathcal{V}$。最后，设下游任务损失函数为 $\mathcal{L}$，则最终通过优化下列损失函数（式（9-5））去找连续提示 h_i：

$$\hat{h}_{0:m} = \text{Org}_h^{\min} \mathcal{L}(M(x, y)) \tag{9-5}$$

9.2.3 答案工程

答案工程的目的是寻找答案空间 $\mathcal{Z}$ 和与原始输出 $\mathcal{Y}$ 的映射，从而形成有效的预测模型。执行答案工程时必须考虑两个方面：决定答案形式和选择答案设计方法。通过对粒度的区别，可以将答案的形式分为三种：

（1）词。预训练的 LM 单词表中的一个词，或单词表的一个子集。

（2）文本跨度（Span）。一个简短的多词跨度，通常是与前缀提示一起使用的。

（3）句子（Sentence）。一个句子或文档，通常与前缀提示一起使用。

在实践中，如何选择答案的形式取决于执行的任务。词或文本跨度的答案空间广泛用于分类任务。较长的句子答案经常用于语言生成任务。对于一些模型而言答案并不是最终的输出，因此需要设计合理的答案空间到输出的映射。答案空间主要用于搜索适合填充到 [MASK] 位置的候选，其设计方法分为两种：人工设计和自动设计。

在人工设计中，潜在答案的空间 $\mathcal{Z}$ 和它与 $\mathcal{Y}$ 的映射是由人工设计的，有许多策略可以用来进行这种设计。在无约束空间的很多情况下，答案空间 $\mathcal{Z}$ 是所有词的空间、固定长度的跨度或词序列。在这些情况下，最常见的是使用映射将答案 $\mathcal{Z}$ 直接映射到最终输出的 $\mathcal{Y}$。

而受限空间通常是针对标签空间有限的任务进行的，如文本分类或实体识别，或多选题回答。如 Yin 等人手动设计了与相关主题（"健康""金融""政治""体育"等）、情感（"愤怒""快乐""悲伤""恐惧"等）或输入文本的其他方面有关的词语列表，以便进行分类。在这种情况下，有必要在答案 $\mathcal{Z}$ 和基础类之间建立一个映射关系 $\mathcal{y}$。

自动设计包括离散答案搜索和连续答案搜索，首先对离散答案搜索相关方法进行介绍：

答案解析（Prune-then-search）：这些方法从初始答案空间开始，然后使用解析来扩展这个答案空间，以扩大其覆盖范围。例如对于多选的问答任务，给定问题 X 和候选的答案集合 $I(X)$，把 X 和候选答案集合 $I(X)$ 一同输入语言模型，计算候选答案集合中各个候选相应的概率，选择其中概率最大的候选作为问题的答案。

先修剪再搜索（Prune-then-search）：在这些方法中，首先产生一个由几个可信的答案 $\mathcal{Z}$ 组成的初始修剪过的答案空间，然后运行一个算法在这个修剪过的空间上进一步搜索，选择最终的答案集。例如，对于 k 个类别的分类问题，Pattern-Exploiting Training（PET）方法将输入 x 通过提示工程转化为带有 MASK 标记（空位置）的文本 $P_{\text{Prompt}}(x)$，然后用语言模型 L 去预测被 MASK 位置上的词。定义一个从类别到单个词的映射 M，给定类别 y，可以知道相对应的词是 $M(y)$。原始文本属于类别 y 的概率可以用 $L(M(y)|P_{\text{Prompt}}(x))$ 表示，即预测被 MASK 位置的词是 $M(y)$ 的概率。

标签分解（Label Decomposition）：在进行关系抽取时，Chen 等提出 Knowprompt 自动将每个关系标签分解为其组成词，并将它们作为答案。例如一个类别是"per：city_of_death"，把这里一些没有语义的连接词（例如 of）去掉后，从而得到对应的候选答案是 {person，city，death}。

对于连续答案搜索的研究目前仍较少，WRAP 是这类方法的典型代表，WRAP 在词嵌入部分为每个类别指定了一个连续的变量去表征这个类别，然后通过梯度回传去更新这个表征类别的词嵌入。

9.3　提示学习示例

Zero-Shot（零样本学习）和 Few-Shot（小样本学习）是常见的提示学习方法，通常这两种方法都被用于比较模型的基准性能。然而这两种方法仍存在一些局限性，因此更多的提示学习方法被提出，如思维链、自一致性等，这些方法使得大模型的性能得到了提升。由于零样本和小样本学习的方法在之前的章节里已经进行了详细的介绍，因此本节不再赘述。

9.3.1　Zero-Shot 提示学习

Zero-Shot 提示是将任务文本直接输入模型并要求结果，在这个过程中用户不需要向模型提供任何例子。

将文本分类为中性、负面或正面。

文字：我觉得假期还可以。

情绪：

中性的

9.3.2　Few-Shot 提示学习

虽然大语言模型已经表现出了显著的零样本能力，但在使用零样本设置时，在更复杂的任务上仍有局限。为了改善这种情况，使用小样本提示作为一种技术来启用上下文学习，可以引导模型实现更好的性能。小样本学习会先提供一些关于任务的示例来构造提示，每个示例都包含完整的输入和输出。通常比零样本学习有更好的性能，然而代价是需要更长的上下文输入。当输入输出文本较长时，有可能会达到模型的输入长度限制。Brown 等人在 2020 年提出了一个例子来证明 Few-Shot 提示。在这个例子中，任务是在一个句子中正确使用一个新词。

提示输入：

格式：仅返回翻译内容，不包括原始文本。"乌哈普"是一种生长在坦桑尼亚的小型毛茸茸的动物。使用该词的句子示例是：

我们在非洲旅行时看见了这些非常可爱的乌哈普。

"扑啦弗"是指快速地跳上跳下。使用该词的句子示例是：

输出：

当我们赢得游戏时，我们所有人都开始欢呼跳跃。

可以观察到在 Few-Shot 提示的输入下，该模型通过提供一个示例即可执行任务。对于更加困难的任务，通常可以多次输入示例来使得模型得到更准确的结果。尽管小样本提示在许多任务上都表现良好，但仍有缺陷，特别是处理复杂的推理任务时。如下例所示：

提示输入：

这组数中的奇数相加是一个偶数：4、8、9、15、12、2、1。

A：答案是假的。

这组数中的奇数相加是一个偶数：17、10、19、4、8、12、24。

A：答案是真的。

这组数中的奇数相加是一个偶数：16、11、14、4、8、13、24。

A：答案是真的。

这组数中的奇数相加是一个偶数：17、9、10、12、13、4、2。
A：答案是假的。

这组数中的奇数相加是一个偶数：15、32、5、13、82、7、1。
A：

答案是真的。

9.3.3 CoT 提示学习

鉴于以上两种方式的不足和缺陷，一种名为"思维链提示［Chain-of-Thought（CoT）prompting］"的技术被广泛应用于解决更复杂的算术、常识和符号推理任务。链式思考提示使复杂推理成为可能，可以将其与少量提示结合使用，以获得更好的结果。如图 9.3 所示，和传统的提示相比，思维链的提示多了中间的逻辑推理过程，这种推理的解释往往会引导出更准确的结果，使大型语言模型能够处理复杂的算术、常识和符号推理任务。

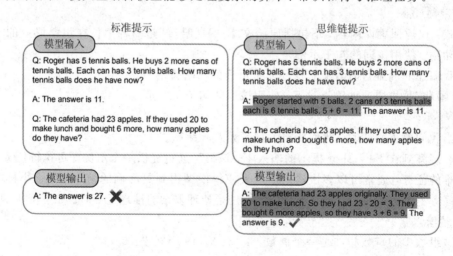

图 9.3 传统提示与思维链提示对比

如下例所示，链式思考提示可以得到更加准确的结果。

提示输入：

在这个群组中，奇数相加得到偶数：4、8、9、15、12、2、1。
A：将所有奇数（9、15、1）相加得到 25。答案是错的。

在这个组中，奇数字相加得到偶数：17、10、19、4、8、12、24。

A：将所有奇数(17、19)相加得到 36。答案是正确的。

在这个组中，奇数字相加得到偶数：16、11、14、4、8、13、24。

A：将所有奇数(11、13)相加得到 24。答案是正确的。

在这个组中，奇数字相加得到偶数：17、9、10、12、13、4、2。

A：将所有奇数(17、9、13)加起来得到 39。答案是 False。

这组数中的奇数相加得到一个偶数：15、32、5、13、82、7、1。

A：

输出：

将所有奇数(15、5、13、7、1)加起来得到 41。答案是 False。

可以看到当用户提供推理步骤时，得到了正确的结果。此外，也有学者将零样本与思维链结合，提出：在 Zero-Shot-CoT 中，对于一个问题，仅仅添加一行文字提示"Let's think step by step"，模型就可以自己生成对问题的推理过程，并且得出正确的答案。作者提出 Zero-Shot-CoT 分为两个阶段：① 对原问题添加文字提示，使用模型生成推理过程。（图 9.5 左侧）；② 将模型生成的推理过程加入原问题中，并且添加生成答案的提示，使用模型生成问题的最终答案（图 9.4 右侧）。

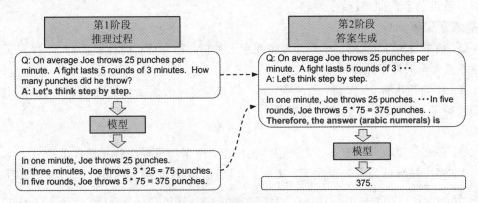

图 9.4　Zero-Shot-CoT 的流程

9.3.4　自一致性提示学习

在链式思考提示的基础上，Wang 等人提出了自一致性提示，旨在"取代链式思维提示中使用的幼稚贪心解码"。自一致性解码策略假设复杂推理任务一般可以通过多个推理路径获得正确答案，从解码器中抽样生成多样化的推理路径集合，选择一致性最高的输出结果作为最终答案，降低了贪婪解码方式的单次采样的随机性。如图 9.5 所示，其核心步骤包括三步：① 思维链提示；② 对语言模型进行多次采样，生成多个推理路径；③ 对不同推理路径生成结果基于投票策略选择最一致的答案输出。

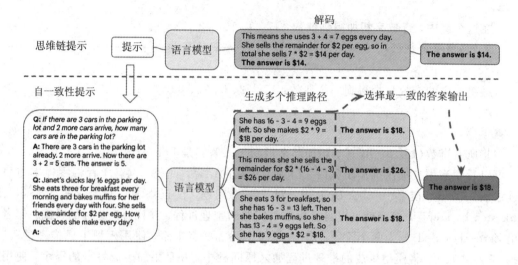

图 9.5　自一致性的核心流程

自一致性的示例如下：

提示输入：

Q：树林里有 15 棵树。林务工人将在今天种树。种完后，树林里就有 21 棵树了。那么，林务工人今天种了几棵树？

A：我们开始有 15 棵树，后来有了 21 棵树。差异必然是他们种的树的数量。所以，他们必须种了 21－15 ＝ 6 棵树。答案是 6。

Q：停车场里有 3 辆汽车，又来了 2 辆汽车，停车场里现在有几辆汽车？

A：停车场里已经有 3 辆汽车。又来了 2 辆汽车，现在停车场里有 3＋2 ＝ 5 辆汽车。答案是 5。

Q：Leah 有 32 块巧克力，她的姐姐有 42 块巧克力。如果他们一共吃了 35 块，他们还剩多少块？

A：Leah 有 32 块巧克力，她的姐姐有 42 块巧克力。这意味着最初有 32＋42 ＝ 74 块巧克力。已经吃掉了 35 块。因此，他们总共还剩 74－35 ＝ 39 块巧克力。答案是 39。

Q：Jason 有 20 个棒棒糖。他把一些棒棒糖给了 Denny。现在 Jason 只剩下 12 个棒棒糖。那么，Jason 给了 Denny 多少个棒棒糖？

Q：Jason 给了 Denny 多少个糖果？

A：Jason 一开始有 20 个糖果。他现在只有 12 个，说明他把剩下的糖果都给了 Denny。他给 Denny 的糖果数一定是 20－12＝8 个。答案是 8。

Q：Shawn 有 5 个玩具。为了庆祝圣诞节，他从他的妈妈和爸爸那里各得到了 2 个玩具。他现在有多少个玩具？

A：他一开始就有 5 个玩具。他从他妈妈那里得到了 2 个，所以他现在有 5＋2＝7 个玩具。然后又从他爸爸那里得到了 2 个，这样他总共就有了 7＋2＝9 个玩具。答案是 9。

Q：服务器房里有 9 台电脑。从周一到周四每天新增了 5 台电脑。现在服务器房里有多少台电脑？

A：从周一到周四一共有 4 天。每天新增了 5 台电脑。这意味着总共新增了 4×5＝20 台电脑。开始的时候有 9 台电脑，所以现在共有 29 台电脑。答案是 29。

Q：Michael 有 58 个高尔夫球。周二，他失去了 23 个高尔夫球。周三，他又失去了 2 个高尔夫球。到周三结束时他还剩多少个高尔夫球？

A：Michael 一开始有 58 个高尔夫球。周二他失去了 23 个，所以他还有 58－23＝35 个高尔夫球。周三他又失去了 2 个，所以现在他只剩下了 35－2＝33 个高尔夫球。答案是 33。

Q：Olivia 有 23 美元。她花费每个 3 美元的价格买了 5 个百吉饼。她还剩下多少钱？
A：她买了 5 个每个 3 美元的百吉饼。这意味着她花费了 5×3 ＝ 15 美元。她还剩下 23－15 ＝ 8 美元。

Q：我 6 岁时，我的姐姐的年龄是我的一半。现在我 70 岁了，我的姐姐今年多少岁？
A：

输出1：

当我 6 岁时，我的姐姐的年龄是我的一半，所以她当时是 3 岁。现在我是 70 岁，所以她的年龄是 70－3＝67。答案是 67。

当叙述者 6 岁时，他的姐姐的年龄是他的一半，也就是 3 岁。现在叙述者 70 岁，他的姐姐就是 70－3＝67 岁。答案是 67。

当我 6 岁时，我的姐姐的年龄是我的一半，也就是 3 岁。现在我 70 岁，她就是我的年龄的一半，也是 35 岁。答案是 35。

第10章　ChatGPT核心技术
—— 模型学习与优化

ChatGPT 是一种基于自然语言处理的大语言模型，它的成功离不开 Transformer 和基于人类反馈的强化学习，当然也离不开对各种学习与优化方法的探索。ChatGPT 在收集数据的基础上对模型进行自监督的训练，又在数据的基础上生成奖励的模型，用强化学习和奖励的模型进行学习和优化。这些核心技术是 ChatGPT 取得成功的非常重要的关键技术，为 ChatGPT 带来了更高效的特征学习方法。

学习是指模型通过对大量的语言数据进行学习，从而具有类似于人类的语言理解能力。例如使用深度学习技术中的"迁移学习"，即在已经训练好生成模型并给定输入和目标输出的情况下，实现对新对象的读取建模和应用，进而在少样本情况下实现快速定制、人工验证、语言翻译等功能。

优化是指模型通过使用优化技术提高模型特征提取能力和泛化性能。好的优化算法可以帮助我们更高效地找到目标模型和参数。常见的优化算法有基于梯度的一阶优化方法、动量法、牛顿法和启发式学习优化等。

下面将对 ChatGPT 模型中使用的几大核心技术进行详细介绍，并提供一些实例。

10.1　有监督学习

有监督学习（Supervised Learning）是机器学习中的一种常见学习方式。如图 10.1 所示，在有监督学习中，输入训练数据和对应的标签数据，建立模型并选取相应的损失函数（Loss function），使用最小化损失函数的方法得到最优模型参数。最小化损失函数的过程就是训练过程。

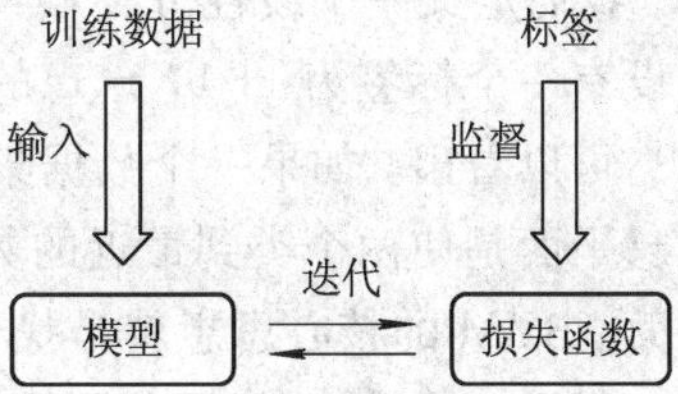

图 10.1　有监督学习

在这个过程中，机器学习算法通过学习标注好的数据集，可以构建一个输入到输出的映射关系，以便对未知输入进行预测和分类。有监督学习一般用于解决两类问题：回归问题（Regression）和分类问题（Classification）。

在回归问题中，我们通常使用一个函数或模型来表示输入和输出之间的关系，其中输

入变量通常用 x 表示，输出变量用 y 表示。

一个简单的一维回归问题可以使用以下形式的函数来表示：

$$y = f(x) + \varepsilon \tag{10-1}$$

其中，y 是输出变量，$f(x)$ 是一个未知的函数，表示输入变量 x 和输出变量 y 之间的关系，ε 是一个随机误差项，表示模型无法完全捕捉到的噪声和不确定性。

对于多维回归问题，输入变量 $\boldsymbol{x}$ 可以是一个向量，输出变量 y 仍然是一个标量。可以使用以下形式的函数来表示多维回归问题：

$$y = f(\boldsymbol{x}_1, \boldsymbol{x}_2, \cdots, \boldsymbol{x}_n) + \varepsilon \tag{10-2}$$

其中，$\boldsymbol{x}_1, \boldsymbol{x}_2, \cdots, \boldsymbol{x}_n$ 是输入变量的各个维度，$f(\boldsymbol{x}_1, \boldsymbol{x}_2, \cdots, \boldsymbol{x}_n)$ 是表示输入变量和输出变量之间关系的函数，ε 是一个随机误差项。回归问题的目标是通过训练数据来学习函数或模型，使得预测值与真实值之间的误差最小化。

在分类问题中，常见的有二分类任务与多分类任务，如图 10.2 所示。

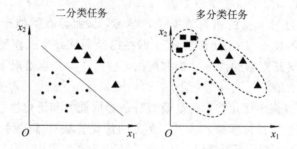

图 10.2 二分类任务与多分类任务

为了更好地理解有监督学习，我们将探索较简单的支持向量机（SVM）算法。SVM 是一种线性分类器，可以看作是对 Rosenblatt 在 1958 年开发的感知机的扩展。感知机能够保证我们找到一个超平面，如果该超平面存在的话。支持向量机寻找最大边界分离超平面，如图 10.3 所示。图中 γ 指的是从超平面（实线）到两个类中最近的点（与平行虚线相连）的距离。我们定义一个线性分类器：$h(\boldsymbol{x}) = \text{sign}(\boldsymbol{w}^\mathrm{T}\boldsymbol{x} + b)$，其中，$\boldsymbol{w}$ 表示权重，b 表示偏置，并假设有一个标签为 $\{+1, -1\}$ 的二元分类。

可以看出，如果一个数据集是线性可分的，则存在无限多个可分离的超平面。而最优的超平面是使两个类到最近的数据点的距离最大化的那个。我们说它是具有最大边距的超平面。SVM 的核心思想就是找到这个具有最大边距的超平面。

在图 10.4 中，假设超平面是 H，对点 $\boldsymbol{X}$ 来说，d 是从超平面 H 到点 $\boldsymbol{X}$ 的最短距离。$\boldsymbol{X}^p$ 是点 $\boldsymbol{X}$ 在超平面 H 上的投影，则有

$$\boldsymbol{X}^p = \boldsymbol{X} - d \tag{10-3}$$

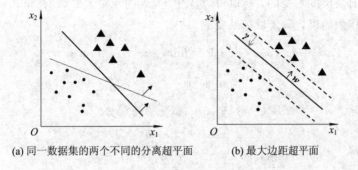

(a) 同一数据集的两个不同的分离超平面　　　(b) 最大边距超平面

图 10.3　支持向量机寻找最大边界分离超平面

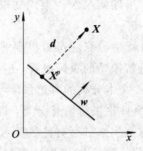

图 10.4　点到超平面的投影

d 平行于 w，那么有 $d = \partial w$，$\partial \in \mathbb{R}$。由 $X^p \in H$ 可知 $w^{\mathrm{T}}X^p + b = 0$，因此：

$$w^{\mathrm{T}}X^p + b = w^{\mathrm{T}}(X - d) + b = w^{\mathrm{T}}(X - \partial w) + b = 0 \tag{10-4}$$

$$\partial = \frac{w^{\mathrm{T}}X + b}{w^{\mathrm{T}}w} \tag{10-5}$$

d 的长度为

$$\| d \|_2 = \sqrt{d^{\mathrm{T}}d} = \sqrt{\partial^2 w^{\mathrm{T}}w} = \frac{\sqrt{w^{\mathrm{T}}X + b}}{\sqrt{w^{\mathrm{T}}w}} = \frac{| w^{\mathrm{T}}X + b |}{\| w \|_2} \tag{10-6}$$

找最大边距超平面就是要让图 10.3(b) 中的 γ 最大，公式如下：

$$\gamma(w, b) = \min \frac{| w^{\mathrm{T}}X + b |}{\| w \|_2} \tag{10-7}$$

$$\max_{w, b} \gamma(w, b), \ \forall \, i \, y_i(w^{\mathrm{T}}x_i + b) \geqslant 0 \tag{10-8}$$

其中，x_i 是样本点坐标，y_i 是标签坐标。

$$\max_{w, b} \underbrace{\frac{1}{\| w \|_2} \min | w^{\mathrm{T}}X + b |}_{\substack{\gamma(w, b) \\ \max}} \quad \text{s. t.} \ \underbrace{\forall \, i \, y_i(w^{\mathrm{T}}x_i + b) \geqslant 0}_{\text{分离超平面}} \tag{10-9}$$

因为超平面是尺度不变的，所以可以固定 $\boldsymbol{w}$，$\boldsymbol{b}$ 的尺度，那么有 $\min|\boldsymbol{w}^{\mathrm{T}}\boldsymbol{X}+\boldsymbol{b}|=1$。如果把这个等式作为约束，那么目标就变成

$$\max_{\boldsymbol{w},\,\boldsymbol{b}}\frac{1}{\|\boldsymbol{w}\|_2}\cdot 1 = \min_{\boldsymbol{w},\,\boldsymbol{b}}\|\boldsymbol{w}\|_2 = \min_{\boldsymbol{w},\,\boldsymbol{b}}\boldsymbol{w}^{\mathrm{T}}\boldsymbol{w} \tag{10-10}$$

$$\min_{\boldsymbol{w},\,\boldsymbol{b}}\boldsymbol{w}^{\mathrm{T}}\boldsymbol{w}$$
$$\text{s. t. } \forall i,\ \boldsymbol{y}_i(\boldsymbol{w}^{\mathrm{T}}\boldsymbol{x}_i+\boldsymbol{b})\geqslant 0 \tag{10-11}$$
$$\min_i|\boldsymbol{w}^{\mathrm{T}}\boldsymbol{x}_i+\boldsymbol{b}|=1$$

$$\min_{\boldsymbol{w},\,\boldsymbol{b}}\boldsymbol{w}^{\mathrm{T}}\boldsymbol{w}\quad \text{s. t.}\quad \forall i\ \boldsymbol{y}_i(\boldsymbol{w}^{\mathrm{T}}\boldsymbol{x}_i+\boldsymbol{b})\geqslant 1 \tag{10-12}$$

这样，问题变为找到最小的 $\boldsymbol{w}^{\mathrm{T}}\boldsymbol{w}$，即把复杂问题简化成为一个目标是二次的、约束都是线性的简单二次优化问题，可以用任何二次约束规划求解器（QCQP）有效地求解它。只要存在分离的超平面，它就有唯一解。

通过学习标注好的训练集，机器学习算法可以得到非常准确的预测结果。此外，有监督学习还可以通过模型的输出来理解模型的决策过程，进一步优化模型的性能。

下面是一个简单的 ChatGPT-2 文本分类的有监督学习实例。

假设使用 ChatGPT-2 来对电影评论进行情感分类，即将每个评论标记为积极或消极。这里使用一个已标注的电影评论数据集来进行有监督学习，其中每个评论都有一个情感标签。可以将这个数据集分为训练集、验证集和测试集，并使用它们来训练、验证和测试 ChatGPT-2 模型。

如图 10.5 所示，在训练阶段，首先需要将每个评论作为一个输入文本序列，将情感标签作为标签，使用损失函数来计算模型的预测与真实标签之间的差距。在训练过程中，使用反向传播算法来优化模型的参数，以最小化损失函数。在验证阶段，使用验证集来评估

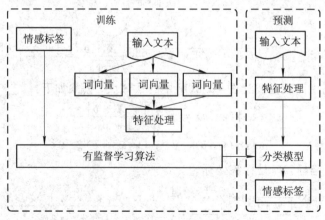

图 10.5　有监督情感分类实例

模型的性能，使用准确率等指标来衡量模型在验证集上的分类性能。如果模型的性能不佳，可以通过调整模型超参数、数据集分布等方式来进一步优化模型。在测试阶段，使用测试集来评估模型的泛化性能。可以使用同样的指标来衡量模型在测试集上的分类性能。如果模型的性能符合要求，就可以将其用于实际的情感分类任务中。

在实践中，有监督学习广泛应用于各种任务，如图像识别、语音识别、自然语言处理、推荐系统、广告投放等。同时，也出现了许多常见的有监督学习算法，如线性回归、逻辑回归、决策树、神经网络、支持向量机等。这些算法通过不同的方式和技巧，来实现从输入到输出的映射关系，以适用于不同的任务场景。

10.2 无监督学习

无监督学习是另一种机器学习常见方法，其主要特点是在没有明确的标签或目标函数的情况下进行学习。相比于有监督学习需要提供标注数据作为学习的输入，无监督学习则更加灵活，可以在数据集中发现潜在的模式和结构，从而为后续的任务提供基础。无监督学习的目标是通过对数据集进行聚类、降维、特征提取、密度估计等一系列操作，使得数据集中的样本能够在某种意义上进行划分或转换。这种方法可以被广泛应用于各种领域，如计算机视觉、自然语言处理、信号处理、数据挖掘等。

无监督学习主要包括以下几种方法：

(1) 聚类(Clustering)。聚类是将相似的数据点分组到一起的方法，如图 10.6 所示，目标是将数据集划分为多个子集，使得每个子集内的数据点相似度较高，而不同子集之间的数据点相似度较低。聚类算法有 k-means、层次聚类、DBSCAN 等。

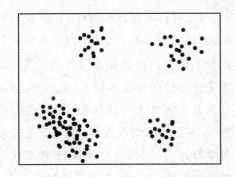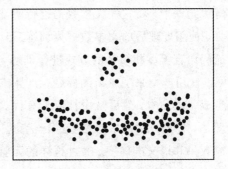

图 10.6　聚类效果

(2) 降维(Dimensionality Reduction)。降维是将高维数据转换为低维数据的方法，主要目的是减少数据集中的冗余信息，保留数据集中的重要信息。常用的降维方法包括主成分分析（PCA）、线性判别分析（LDA）、t-SNE 等。

（3）特征提取（Feature Extraction）。特征提取是从原始数据中提取有效特征的方法。通常需要设计特征提取算法，从而减少无用的特征，提高数据的表达能力。主要的特征提取方法包括图像处理中的 SIFT、SURF、HOG 等，自然语言处理中的 Word2Vec、GloVe、FastText 等。

（4）密度估计（Density Estimation）。密度估计是根据数据样本的分布特点，对样本空间进行描述的一种方法，通常用于建模数据分布，分析数据属性。密度估计算法有 KDE、GMM 等。

为了更好地理解无监督学习，以下将探索较简单的 k-means 聚类原理。k-means 聚类的核心思路是创建 k 个点作为初始质心（通常是随机选择），当任意一个点的簇分配结果发生改变时，对数据集中的每个数据点计算每个质心与数据点之间的距离，将数据点分配到距其最近的簇；对每个簇计算簇中所有点的均值并将均值作为新的质心。

下面考虑 k-means 算法中最核心的部分。假设 $x_i(i=1, 2, \cdots, n)$ 是数据点，$\mu_j(j=1, 2, \cdots, k)$ 是初始化的数据中心，那么目标函数可以表示为式（10 - 13），这个函数是非凸优化函数，会收敛于局部最优解。

$$\min \sum_{i=1}^{n} \min_{j=1, 2, \cdots, k} \| x_i - u_j \|^2 \qquad (10-13)$$

下面介绍一个 ChatGPT 无监督学习的实例，即如何使用海量的文本数据来训练一个生成新闻标题的模型。首先需要准备大量的新闻文本数据，可以从各大新闻网站、博客、社交媒体等渠道获取。将这些文本数据进行清洗、去重、分词等预处理操作，得到处理后的文本数据集。使用处理后的文本数据集训练 ChatGPT 模型。训练过程中可以采用自回归语言模型和掩码语言模型相结合的方式进行训练，以提高模型的泛化能力和生成效果。训练完成后，可以使用模型来生成新闻标题。具体方法是将一篇新闻文本输入模型，模型会根据上下文生成一段文本，然后从中抽取最有代表性的几个词作为新闻标题。对生成的新闻标题进行评估，根据评估结果对模型进行优化。例如，可以引入对抗训练、强化学习等技术来提高生成效果和语义准确度。通过这样的无监督学习方式，可以让 ChatGPT 模型从大量的文本数据中学习到语言的规律和特征，从而生成更加准确、流畅、富有语义的新闻标题。

ChatGPT 模型除使用有监督学习进行对话生成外，还使用无监督学习进行模型训练。这些无监督学习方法使得 ChatGPT 模型可以更好地利用未标注的文本数据来提高模型的泛化能力和表现。

10.3 少样本学习与多任务学习

1. 少样本学习

少样本学习(Few-shot Learning)是监督学习领域的一个重要应用,即在数据较少的情况下,通过学习少量样本来解决分类、回归等问题。在传统的机器学习任务中,模型的性能往往与训练数据的多寡直接相关。当数据量不足时,模型往往会出现过拟合现象,导致泛化性能下降。在现实生活中,由于很多数据集的采集难度和成本很高,数据量较少的情况屡见不鲜。为了克服这个问题,人们提出了少样本学习的方法,以提高模型的泛化能力和性能。早期的少样本学习算法研究多集中在图像领域,模型大致可分为基于模式、基于度量与基于优化的。

当训练样例只有一条时,任务被称为单样本学习(One-Shot Learning)。进一步的,当模型输入中只提供任务描述和测试样例输入没有训练样例时,任务被称为零样本学习(Zero-Shot Learning)。少样本与零样本的原型网络如图 10.7 所示。图(a)中 $c_k(k=1,2,3)$ 指的是每个类的嵌入式支持示例的平均值,图(b)中的 $c_k(k=1,2,3)$ 由元数据 $V_k(k=1,2,3)$ 产生。在任何情况下,嵌入式查询点都是通过类原型的距离上的 softmax 进行分类:查询点在类 k 上的分布为

$$p_\phi(y = k \mid \boldsymbol{X}) \propto \exp(-d(f_\phi(\boldsymbol{X}),c_k))$$

其中,$\boldsymbol{X}$ 是在 D 维空间上的特征向量,c_k 是原型网络,通过嵌入函数 f_ϕ 可将每个类从 D 维空间映射到 M 维空间。

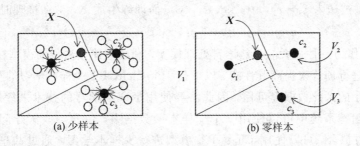

(a) 少样本　　　　　　　　(b) 零样本

图 10.7　少样本和零样本的原型

2. 多任务学习

多任务学习指的是在一个模型中同时处理多个不同的任务。这些任务可以是相关的,也可以是完全不相关的。由于模型可以共享参数和学习到通用的特征,因此多任务学习可以提高模型的泛化能力和效率。在 NLP 领域,多任务学习已经被广泛应用于各种任务,如情感分析、问答系统、自然语言推理等。

ChatGPT 可以完全依赖语言模型从预训练过程中习得的推理能力，通过上下文语境（Task Description）直接解决新任务，这种新的少样本学习方法叫作语境学习（In-Context Learning）。MetaICL（MetaICL 是针对语境学习提出的实用模型，并成功应用在 GPT-2 上）在无需元训练的上下文学习和零样本转移后的多任务学习任务中都有十分出色的表现。MetaICL 不需要在输入中提供任务描述模板，只需提供训练样例和目标输入，通过在元训练任务上进行多任务学习，让模型能够自动学习到如何通过输入中的少量训练样本重构任务信息，极大地降低了人工设计成本。

MetaICL 的关键思想是在大量元训练任务中使用多任务学习方案，以便模型学习如何以一小组训练示例为条件，恢复任务的语义，并基于它预测输出。MetaICL 对于每一个元训练任务进行采样，即对元训练任务中随机抽取出的任务中的 k 个样本的 x 和 y，以及第 $k+1$ 个样本的 y_{k+1} 连接起来的 $(x_1, y_1), \cdots, (x_{k+1}, y_{k+1})$ 进行采样，同时给定一组标签（分类任务）或答案选项（问答任务）。然后，通过将 $x_1, y_1, \cdots, x_k, y_k, x_{k+1}$ 的级联作为输入传入模型来监督模型，并计算每个标签 $c_i \in C$ 的条件概率，将具有最大条件概率的标签作为预测返回。MetaICL 也采用了与训练过程相同的输入方式来处理预测的样本：不需要任务描述，只需将该任务的训练样本与目标输入相拼接即可。在 MetaICL 的噪声信道模型中，$P(y|x)$ 被重新参数化为

$$\frac{P(x \mid y)P(y)}{P(x)} \propto P(x \mid y)P(y) \tag{10-14}$$

式中，$P(y) = \frac{1}{C}$。简单翻转 x_i 和 y_i 后使用通道方法完成对 $P(x|y)$ 的建模。具体而言，在元训练时，模型被送入 $y_1, x_1, \cdots, y_k, x_k, y_{k+1}$ 而训练生成 x_{k+1}，在推理时，模型计算为

$$\mathrm{argmax}_{c \in C} P(x \mid y_1, x_1, \cdots, y_k, x_k, c) \tag{10-15}$$

ChatGPT 作为一种强大的自然语言处理模型，利用上述方法帮助模型在仅有少量标注数据的情况下进行训练来提高其性能。以下是一个 ChatGPT 少样本学习的实例。在医疗领域往往只有较小的医疗数据集可用，因此需要使用少样本学习的技术来缓解过拟合问题。在医疗领域的问答系统中可以使用一个少样本的数据集，包含一些医疗问题和对应的回答。为了避免过拟合，可以使用 ChatGPT 模型进行少样本学习，通过共享模型架构和参数，模型可以在多个任务中进行训练。此外，还可以使用数据增强的技术来扩充数据集。例如，可以对原始的医疗问题进行一些变换，如加入同义词、替换部分词汇、添加噪声等，以生成更多的数据样本。这样可以提高模型的泛化能力，减少过拟合的风险。

为了进一步提高 ChatGPT 在少样本数据上的模型性能，还可以使用迁移学习的技术。即使用在大规模数据集上预训练好的模型，通过微调来进行少样本学习任务。这样可以利用大规模数据集中的语言知识，提高模型的泛化能力。

10.4 迁移学习

迁移学习(Transfer Learning)可以将一个领域的知识应用到另一个相关领域中,从而加快学习速度和提高学习效果。在传统的机器学习中,每个任务都需要独立地从头开始学习,这往往需要大量的训练数据和计算资源。例如,在经典的有监督学习中,我们会为具体的任务训练相应的模型。如图 10.8 左图所示,两个模型需要使用不同的标签数据进行训练,然后处理不同的问题,二者不能混用。但迁移学习允许使用现有模型处理类似的但不同的问题,它会保存在第一种场景下学到的知识,来处理第二种场景,如图 10.8 右图所示。

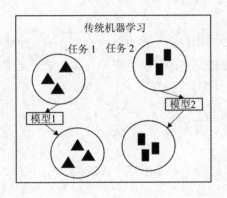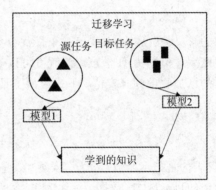

图 10.8 传统机器学习与迁移学习对比图

迁移学习分为两个阶段,首先是预训练阶段,即训练一个模型存储解决一个问题时获得的知识,其次是微调阶段,即将模型应用于另一个不同但相关的问题。在介绍迁移学习的定义之前,我们先回顾一下域和任务的定义。域 $\mathcal{D}$ 由特征空间 $\mathcal{X}$ 和边缘分布 $P(X)$ 组成,即 $\mathcal{D}=\{\mathcal{X}, P(X)\}$,其中 $X=\{x_1, \cdots, x_n\}\in\mathcal{X}$。任务 $\mathcal{T}$ 由标签空间 $\mathcal{Y}$ 和决策函数 $f: \mathcal{X}\rightarrow\mathcal{Y}$ 组成,即 $\mathcal{T}=\{\mathcal{Y}, f(x)\}$,其中函数 f 用于预测新实例 x 对应的标签 $f(x)$。那么,迁移学习的简单过程可以用图 10.9 来描述。

给定源域 $\mathcal{D}_S$ 和学习任务 $\mathcal{T}_S$、目标域 $\mathcal{D}_T$ 和新学习任务 $\mathcal{T}_T$,其中 $\mathcal{D}_S\neq\mathcal{D}_T$ 或 $\mathcal{T}_S\neq\mathcal{T}_T$,$m^T\in\mathbf{N}^+$,迁移学习旨在利用源域 $\mathcal{D}_S$ 中的隐含知识来提高所学习的决策函数 $f^{T_j}(j=1, \cdots, m^T)$ 在目标域 $\mathcal{D}_T$ 上的性能。目标域误差界限公式定义为

$$\varepsilon_{\mathcal{D}_T}(h)\leqslant\varepsilon_{\mathcal{D}_S}(h)+d_H(\mathcal{D}_S, \mathcal{D}_T)+$$
$$\min\{E_{\mathcal{D}_T}(|f_x(x)-f_{\mathcal{D}_T}(x)|), E_S(|f_{\mathcal{D}_S}(x)-f_{\mathcal{D}_T}(x)|)\} \quad (10-16)$$

其中,$d_H(\mathcal{D}_S, \mathcal{D}_T)$ 代表的是源域 $\mathcal{D}_S$ 和目标域 $\mathcal{D}_T$ 数据的 H 散度(H-divergence),可表示为

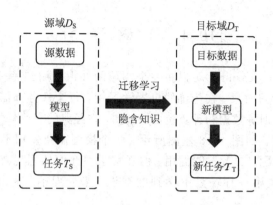

图 10.9　迁移学习过程

$$d_{\mathrm{H}}(\mathcal{D}_S, \mathcal{D}_T) = 2 \sup_{h \in H} \left| \mathrm{Pr}_{\mathcal{D}_S}\left[h(x_{\mathcal{D}_S}) = 1 \right] - \mathrm{Pr}_{\mathcal{D}_T}\left[h(x_{\mathcal{D}_T}) = 1 \right] \right| \qquad (10-17)$$

上式的含义为：从 H 中找出一个最优分类器用以最大限度地区分两个域的数据，得到的最大的概率差值即为 H 散度。该散度可以通过样本采样估计得到，并且估计值最终会随着样本数的增加收敛到真实值。下式给出了具体的计算方法：

$$d_{\mathrm{H}}(\mathcal{D}_S, \mathcal{D}_T) = 2\left(1 - \min_{h \in H}\left[\frac{1}{ns + nt}\left(\sum_{i=1}^{ns} I\left[h(x_{\mathcal{D}_S}) = 1 \right] + \sum_{i=1}^{nt} I\left[h(x_{\mathcal{D}_T}) = 0 \right) \right) \right] \right)$$

$$(10-18)$$

其中，I 代表的是指示函数；h 为分类函数，它将每个未标记的源域 $\mathcal{D}_S$ 实例 s 标注为 0，将每个未标记的目标域 $\mathcal{D}_T$ 数据 t 标注为 1，然后训练分类器来区分源实例和目标实例。H 散度可以直接从误差中计算出来，当 $\mathcal{D}_S$ 与 $\mathcal{D}_T$ 的数据相差较小时，域分类器不容易取得较好的分类效果，反之则区分效果比较好。

按照迁移方法的不同可将迁移学习分为以下几种类型：

（1）基于实例的迁移学习：直接对不同的样本赋予不同权重，比如对相似的样本赋予其高权重，这样就完成了迁移。

（2）基于特征的迁移学习：通过将预训练模型的中间层作为特征提取器，提取出数据的特征，再将这些特征作为新模型的输入进行训练。当源域 $\mathcal{D}_S$ 和目标域 $\mathcal{D}_T$ 的特征不在一个空间或者它们在同一空间但不相似时，可以把它们变换到一个空间进行迁移。

（3）基于模型的迁移学习：将已有模型的参数作为新模型的初始化参数，然后在新任务上进行微调训练。这类方法在神经网络里比较常见，因为神经网络的结构可以直接进行迁移，比如大家熟知的 finetune 就是模型参数迁移得很好的体现。

（4）基于关系的迁移学习：通过发现不同任务之间的相似性或关联性，将一个任务的知识迁移到另一个任务中。这种方法通常用于不同任务之间存在相似性或有一定的关联性的情况，可以提高模型的泛化能力和效果。

ChatGPT 使用了迁移学习来提高模型在不同领域和任务中的表现。在 ChatGPT 中，迁移学习的应用非常广泛，下面介绍一些典型的例子。

（1）对话生成任务。在对话生成任务中，使用预训练的 ChatGPT 模型作为基础模型，然后通过微调来适应特定的对话生成任务。例如，使用预训练的模型来生成电影评论或餐馆评论等。

（2）文本分类任务。在文本分类任务中，使用 ChatGPT 模型来提取文本特征，然后将这些特征输入分类器中进行分类。例如，使用预训练的模型来进行情感分析或主题分类等。

（3）问答系统。在问答系统中，使用 ChatGPT 模型来生成回答，然后使用预定义的答案集合进行匹配并选择最佳答案。例如，使用预训练的模型来回答关于天气、历史事件或维基百科等方面的问题。

除了以上几个例子，ChatGPT 的迁移学习还可以应用在多个其他的 NLP 任务中，如命名实体识别、文本摘要、机器翻译等。ChatGPT 的强大表现和迁移学习技术的应用为 NLP 领域提供了更多可能性和机会，也为开发更加高效的文本处理应用提供了支持。

迁移学习不是从零开始学习，而是从之前解决各种问题时学到的知识基础上开始学习。这样，就可以利用已经训练好的模型继续进行训练，就像站在了"巨人的肩膀上"一样。

10.5 深度学习优化方法

常见的深度学习优化方法有基于梯度与动量等的一阶优化方法、牛顿法等高阶优化方法与启发式学习优化算法。

10.5.1 梯度下降算法

基于梯度的一阶优化方法应用十分广泛。对于目标函数来说，函数梯度的方向表示了函数值增长速度最快的方向，那么它的相反方向就可以看作是函数值减少速度最快的方向。对于机器学习问题来说，我们的目标设定就是找到目标函数的最小值，因此模型参数的变化只需要朝着梯度下降的方向前进，就能不断逼近最优值。

梯度下降算法的思路如图 10.10 所示，它的主要目的是通过迭代找到目标函数的最小值。为了能够找到最快的迭代方式，就要计算给定点的梯度，然后沿着梯度的方向，目标函数的值就能以最快的方式下降。利用这个方法，反复计算梯度，最后就能达到局部的最小值。

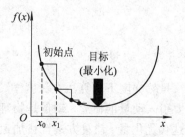

图 10.10　梯度下降算法思路

梯度下降算法主要有三种不同的形式：批量梯度下降、随机梯度下降以及小批量梯度下降。为了便于理解和统一描述，我们定义目标函数（损失函数）为

$$J(\theta) = \sum_i L(f(x^{(i)}; \theta), y^{(i)})$$

批量梯度下降算法是梯度下降算法最原始的形式，它是指在每一次迭代时使用所有的样本进行梯度的更新。使用全数据集确定的优化方向更能代表总体，从而准确反映极值所在的方向，尤其是目标函数为凸函数时，一定可以得到全局最优解。但是当样本数 m 很大时，一次计算会消耗巨大的计算资源和训练时间。不同于批量梯度下降法，随机梯度下降算法每次迭代时使用一个样本进行参数的更新。虽然每一轮的训练速度得以大大加快，但是模型更容易收敛到局部最优解，造成准确度下降。为了平衡每次训练的样本数量和更新速度之间的矛盾，小批量梯度下降算法是一个折中的办法，其思想是：每次迭代使用"batch size"（b）个样本进行参数更新，这样模型就能够以一种合理的方式展开训练。

梯度下降算法中的一个关键参数是学习率 ε。一般为了便于公式表达，常使用固定的学习率。基于随机梯度下降的优化路径如图 10.11 所示。在实践中，有必要随着时间的推移在训练的过程中逐步降低学习率。学习率可通过实验和误差来进行选取，通常最好的选择方法应该是检测目标函数值随着训练过程中参数的变化而变化的学习曲线。如果学习率太大，学习曲线容易出现振荡，一般表现为目标函数的明显增加。而学习率太小，学习过程又会十分缓慢，尤其是初始学习率设定过低时，可能会陷入局部最优陷阱。

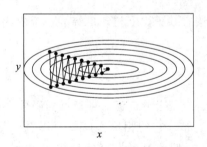

图 10.11　基于随机梯度下降的优化路径

10.5.2　动量法

虽然梯度下降算法在深度学习中非常受欢迎，但是有时其学习过程非常缓慢，此时有必要引入动量的概念。动量是物理学中的一个概念，在优化求解过程中，动量代表了之前的迭代优化量。动量方法旨在加速学习，特别是处理高曲率、小但一致的梯度，或是带噪声的梯度。动量法积累了之前梯度指数级衰减的平均移动，它在优化过程中持续发挥作用，推动目标值前进。拥有了动量，一个已经结束的更新量会以衰减的形式在优化中继续发挥作用。

从形式上看，动量变量 v 表示参数在参数空间中移动的方向和速率。我们假设使用单位质量，因此速度向量 v 也可以看作是动量。基于动量的梯度更新算法定义公式如下：

$$v = \alpha v - \varepsilon \nabla_\theta \frac{1}{l} \sum_{i=1}^l L(f(x^{(i)}; \theta), y^{(i)}) \qquad (10-19)$$

$$\theta \leftarrow \theta + v \qquad (10-20)$$

其中，超参数 $\alpha \in [0, 1)$ 决定了之前梯度贡献衰减得有多快。速度 v 累积了梯度元素。如果 α 的值越大，历史梯度对现在的影响也越大。如果 $g_t = \varepsilon \nabla_\theta \frac{1}{l} \sum_{i=1}^l L(f(x^{(i)}; \theta), y^{(i)})$ 表示第 t 轮迭代的更新量，而且动量法总是观测到梯度 g_0，那么它会不停加速，一直达到最终速度，这时 $g_\infty = \frac{g_0}{1-\alpha}$。最终的更新速度是梯度项学习率的 $\frac{1}{1-\alpha}$ 倍。如果 $\alpha=0.9$，动量法最终的更新速度就是普通梯度下降法的 10 倍，这意味着在穿越"平原"和"平缓山谷"或者局部最小值时动量法更有优势。实践中 α 的设置也会随着时间不断调整，一般初始时是一个较小的值，随后慢慢变大。

基于动量（Momentum）的梯度下降法的主要目的是加速学习过程，通过速度 v 来积累梯度指数级衰减的平均并沿该方向移动。基于动量的梯度的优化路径如图 10.12 所示。从根本上来讲，动量法解决了 Hessian 矩阵的病态条件问题和随机梯度的方差，避免了梯度在某一"峡谷窄轴"上来回移动。直观上来说，若是当前时刻的梯度与历史梯度方向趋近，那么这种趋势会在当前时刻加强，否则这种趋势会减弱。在实际中，一般将参数设置为 0.5、0.9 或者 0.99，分别对应最大速度 2 倍、10 倍和 100 倍的梯度下降算法。

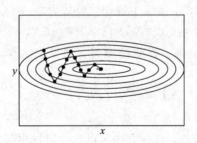

图 10.12　基于 Momentum 梯度的优化路径

虽然动量法相比于基本的梯度下降算法有了很大的进步，但是仍然存在一些问题。下面举例来说明。假设有一个滚下山的聪明的小球，它应该注意到当再次上坡时应该减速。然而当小球到达最低点时，高动量的存在会导致其错过最小值。1983 年，Nesterov 发表了一篇解决动量问题的论文，其中的算法也叫作 Nesterov 梯度加速法。该算法赋予了动量项的预知能力，从而减少了梯度更新过程中产生的抖动。该算法与标准动量算法之间的区别体现在梯度的计算上。在 Nesterov 动量中，梯度计算施加在当前速度之后，其他参数 α 和 ε

所起的作用与标准动量算法一致。

如图 10.13 所示，动量法只是计算了当前目标点的梯度，而 Nesterov 梯度加速法计算的是动量更新和优化后的梯度。正是由于计算梯度的点不同，使得 Nesterov 梯度加速法能够执行更大或更小的更新幅度。

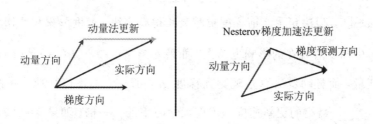

图 10.13 动量法与 Nesterov 梯度加速法的不同

10.5.3 牛顿法

梯度下降采用一阶信息，但收敛速度较慢。因此，自然想到使用二阶信息，例如可采用牛顿法。牛顿法的基本思想是利用一阶导数（梯度）和二阶导数（Hessian 矩阵），通过二次函数逼近目标函数，然后求解二次函数的最小优化。这个过程被重复，直到更新的变量收敛。一维牛顿迭代公式如下：

$$\theta_{t+1} = \theta_t - \frac{f'(\theta_t)}{f''(\theta_t)} \tag{10-21}$$

其中，f 是对象函数。一般来说，高维牛顿迭代公式为

$$\theta_{t+1} = \theta_t - \nabla^2 f(\theta_t)^{-1} \nabla f(\theta_t), \ t \geqslant 0 \tag{10-22}$$

其中，$\nabla^2 f$ 是 f 的 Hessian 矩阵。更准确地说，如果引入学习速率（步长因子），则迭代公式为

$$\begin{cases} d_t = -\nabla^2 f(\theta_t)^{-1} \nabla f(\theta_t) \\ \theta_{t+1} = \theta_t + \eta_t d_t \end{cases} \tag{10-23}$$

其中，d_t 是牛顿方向，η_t 是步长。这种方法可以称为阻尼牛顿方法。从几何上来讲，牛顿法是用二次曲面拟合电流位置的局部曲面，而梯度下降法是用平面拟合电流位置的局部曲面。

10.5.4 启发式学习优化算法

启发式算法的优势在于：对于待优化的目标函数，既不要求其连续，也不要求其可微。启发式算法比较容易搜索到全局最优解，因此，将启发式算法用于深度神经网络结构优化的自动设计是比较好的一个研究点。如图 10.14 所示，简单启发式算法主要包括贪心算法、

构造型方法、拉格朗日松弛算法、解空间缩减算法、局部搜索算法和爬山算法。元启发式算法包含进化计算、人工神经网络算法、粒子群优化算法和人工免疫优化算法等。

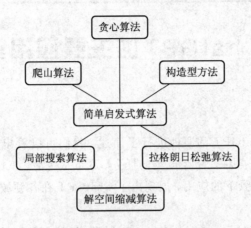

图 10.14　简单启发式算法分类图

启发式算法的优点在于它仅仅要求待优化的问题是可计算的。此外，它搜索的是整个优化搜索空间，比较容易得到全局最优解。所以，将启发式算法和深度神经网络学习结合起来是比较好的研究点。越来越多的研究人员从事深度神经网络与启发式算法的研究工作，从而开辟了新的深度神经网络研究领域。

前面的章节对于 ChatGPT 的原理进行了简述，我们可以看出，ChatGPT 是一个任务无关的模型，它能够胜任各种文字生成类的任务。本章从生活、工作、科研和创作四个角度介绍 ChatGPT 在不同场景下的应用，展现出了 ChatGPT 在各领域中的巨大潜力。

11.1　让 ChatGPT 成为我们生活中的帮手

作为大语言模型，ChatGPT 有着十分丰富的训练样本，掌握了多个方面的知识。并且作为一个语言模型，它可以用人类可以理解的方式与人进行沟通，所以，ChatGPT 可以作为我们生活中的帮手，帮助我们写文章与翻译，与我们聊天对话等。

11.1.1　写文章

ChatGPT 能够借助其丰富的语料库来生成不同风格的文章。类似于命题作文与材料作文的形式，我们只需要告诉 ChatGPT 这篇文章的主旨与形式，它就会将这些语料作为特征，在编码空间中对信息进行检索，从而组织成我们需要的内容。它既能编写故事这种颇具文学色彩的文章，同时也能胜任一些专业的文件编写，如邮件、申请信等。

当我们自己需要写一篇文章的时候，不仅需要花费大量的时间与精力去组织文章的结构，更重要的是，我们所积累的文学知识远不及 ChatGPT，因为它的训练数据有超过 3000亿个单词，大概是 50 万本牛津词典所包含的单词数量，我们阅读这些知识的速度要比ChatGPT 慢得多。因此，如果能有 ChatGPT 帮助我们生成初稿，我们就可以很方便地利用这些训练数据中的相关内容。图 11.1 中展示了 ChatGPT 用传统现实主义的写作风格，创作的一篇描绘江南小镇生活的短文。

针对特定领域的文章，ChatGPT 能为我们提供更多的帮助。当我们需要向有关部门发一封邮件询问事宜的时候，ChatGPT 会以请求的口吻来写这封邮件，邮件中会用到标准的称呼与结构，这样可以使邮件显得更加正式。甚至当我们需要写一些更加正式的文件，如

MY 用传统现实主义的写作风格，创作一篇描绘江南小镇生活的短文

  这是一个典型的江南小镇，一座清新、宁静而又富有活力的地方。这里有着古老的街道和小巷，悬挂着灯笼和红绸带，仿佛在向过往的人们诉说着它们的故事。

在这个小镇里，人们的生活节奏缓慢而有序。清晨时分，鸟儿的鸣叫声穿过晨雾，渔民们在江边悠闲地垂钓，晨练的老人们在公园里散步，一派宁静祥和的景象。

在街头巷尾，可以看到很多小商小贩在摆摊售卖各种美食和小商品。有卖豆腐花的、糖葫芦的、还有卖小吃的小摊贩。他们的声音和笑声交织在一起，形成了这个小镇特有的热闹场景。

这里的人们喜欢和邻里交流，每到傍晚时分，街上就会有很多人聚集在一起闲谈。有的人会带着自己的宠物散步，有的人会带着自己的孩子在公园里玩耍。这里的人们十分友善，总是热情地向陌生人打招呼。

江南小镇的夜晚也很美丽。夜色下，整个小镇被装扮得更加精致。灯笼在街道两侧悬挂，灯光映照在江面上，闪烁着绚丽的色彩。

江南小镇的生活虽然看似简单，但却充满了浓厚的人情味。在这里，你可以感受到人们对生活的热爱和追求，也可以找到内心的宁静和放松。这样的生活，或许正是许多人所向往的。

图 11.1　ChatGPT 用传统现实主义的写作风格描绘江南小镇生活的短文

申请信、推荐信等，ChatGPT 也会选择使用专业的术语以及行文手法，让内容清晰易懂。对比图 11.1 和图 11.2 中 ChatGPT 的写作特点，可以明显地看出，在写一段故事的时候，ChatGPT 倾向于使用生动通俗的写作手法，而在正式的信件中，ChatGPT 则会用正式的书面语言来组织文章。

对于普通人来说，我们通常需要在专业人士的帮助下，才能写出一篇符合以上标准的文章，但是现在有了 ChatGPT 的帮助，我们可以针对不同的写作场景，快速地写出一篇符合我们写作目的的文章。对于在写作方面的应用，ChatGPT 还可以帮助员工胜任写新闻稿、免责声明等工作中的场景，这一部分我们将在 11.2.1 小节中介绍。

MY 写一封申请攻读西安电子科技大学人工智能学院的博士学位的申请信，400字左右

尊敬的西安电子科技大学人工智能学院博士招生委员会：

我非常荣幸地向贵校人工智能学院申请攻读博士学位。我是一名热爱人工智能领域并希望深入研究其前沿技术的学者。

我本科毕业于***大学计算机科学与技术专业，并在本科期间获得了优秀学生称号和多个奖学金。在研究领域，我主要关注机器学习、深度学习、计算机视觉等方向，并在本科期间和研究生期间参与了相关课题的研究工作。在研究过程中，我深刻体会到人工智能领域在改变人类生活和推动社会发展方面的巨大潜力。

我选择申请西安电子科技大学人工智能学院博士是因为贵校在人工智能领域的研究和教学方面具有很高的声誉，并且拥有一支充满活力和创新力的研究团队。我希望能够加入贵校的研究团队，与教授和同学们一起探索人工智能领域的前沿技术，取得更深入的研究成果。

我在本科和研究生期间都保持了良好的学习成绩和研究成果，并且积极参与了多个学术活动和社会服务项目。我相信这些经历将有助于我在贵校攻读博士学位期间更好地学习和研究，并为贵校做出贡献。

感谢您对我的申请的关注和考虑，期待能够在贵校开启我人工智能研究生涯的新篇章。

此致

敬礼

申请人：XXX

图 11.2　ChatGPT 生成的申请(在西安电子科技大学人工智能学院攻读博士学位的申请信)

11.1.2　机器翻译

ChatGPT 的另一个擅长领域是机器翻译，通过理解输入语料的上下文信息，ChatGPT 完全有能力提高语言翻译的质量和准确性。它将输入语句的词向量编码到模型的特征空间中，之后从该空间中解码出相应的翻译结果。由于 ChatGPT 具有复杂的模型与训练时庞大的语料库，因此可以将不同的语种都联系起来，实现多种语言的翻译，从常见的中英文翻译到文言文的翻译。

从图 11.3 和图 11.4 可以看出，ChatGPT 不仅能够准确地进行翻译，更重要的是能够

进行不同风格的创作。英文诗中常会出现不符合标准语法的句子，ChatGPT 却能够通过上下文来分析其中的含义，将其翻译成颇具文学色彩的中文诗句。

MY 汉译英：北京大兴国际机场位于天安门广场以南46公里处，于2019年9月30日投入使用。该工程于2014年开工建设，高峰时工地上有4万多工人。航站楼设计紧凑，可以允许最大数量的飞机直接停靠在最靠近航站口中心的位置，这给乘客提供了极大的方便。航站楼共有82个登机口，但乘客通过安检后，只需不到8分钟就能抵达任何一个登机口。机场的设计可确保每小时300架次起降。2024年机场年客运量将达到1亿人次，有望成为世界上最繁忙的机场。

The Beijing Daxing International Airport is located 46 kilometers south of Tiananmen Square and was put into operation on September 30th, 2019. The project started construction in 2014 with more than 40,000 workers at its peak. The airport terminal is designed compactly, allowing the maximum number of aircraft to park directly at the center of the nearest gate, which provides great convenience for passengers. The terminal has 82 boarding gates, but passengers can reach any gate in less than 8 minutes after passing through security. The airport is designed to ensure 300 takeoffs and landings per hour. The airport's annual passenger traffic is expected to reach 100 million people in 2024, making it the busiest airport in the world.

图 11.3 ChatGPT 对 2020 年 12 月全国大学生英语六级考试中的翻译题的翻译结果

MY 将下面的诗翻译成中文现代诗：
When you are old and grey and full of sleep,
And nodding by the fire, take down this book,
And slowly read, and dream of the soft look
Your eyes had once, and of their shadows deep;

How many loved your moments of glad grace,
And loved your beauty with love false or true,
But one man loved the pilgrim soul in you,
And loved the sorrows of your changing face;

And bending down beside the glowing bars,
Murmur, a little sadly, how Love fled
And paced upon the mountains overhead
And hid his face amid a crowd of stars.

当你年老发白，瞌睡朦胧，
坐在火炉边打盹，
请拿起这本书，缓缓阅读，
梦回当初你眼中温柔的光，
那些深邃的阴影，也再次浮现。

你的青春时光曾有多少人，
爱过你的喜悦与美貌，
或真或伪地爱着你，
但只有一个人，爱着你那朝圣者的灵魂，
爱着你那流转脸庞的忧伤。

俯身靠近炉火，轻声喃喃，
略带悲哀地述说着爱情如何离去，
在头顶的山峦上徘徊，
最后在群星之间藏起了脸庞。

图 11.4 ChatGPT 将威廉·巴特勒·叶芝的诗《当你老了》翻译成中文现代诗

图 11.5 展示了 ChatGPT 对唐朝作家刘禹锡的作品《陋室铭》的解读。从图中可以看出，它不仅能够准确地将文言文翻译成现代文，也能将文章的主旨以及寓意准确地提取出来。这一过程也体现出 ChatGPT 是先对输入语句进行理解，然后将信息映射到特征空间

中。因此它能够在理解文字的基础上，再根据要求输出相应的文字，文字在这里只是作为 ChatGPT 表达的载体。

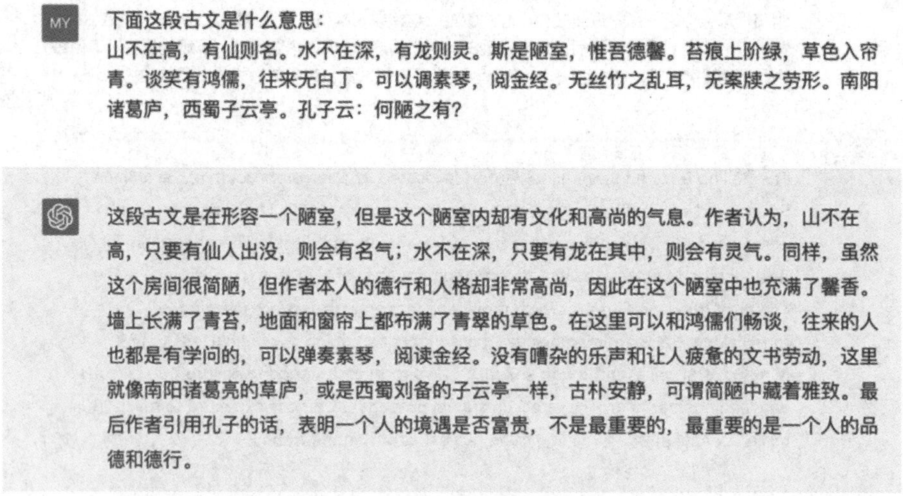

图 11.5　ChatGPT 对《陋室铭》的解读

在机器翻译的任务中，ChatGPT 可以准确地实现基本多语言的翻译，这是基于对上下文的理解，在理解的基础上将翻译结果用我们所期望的语言和风格表达出来。因此，ChatGPT 可以提供定制化的文本内容，在翻译的基础上加上一定的创意风格，这些是传统机器翻译模型很难做到的。

11.1.3　对话聊天与提问

在聊天时，ChatGPT 接收用户的输入文本，将其转换为向量形式，并将该向量输入模型中。模型根据输入文本生成一个概率分布，表示下一个单词或者短语出现的可能性。然后，ChatGPT 从概率分布中采样生成下一个单词或者短语，并将其作为输出返回给用户。

ChatGPT 在预训练过程中使用了大量的无标签文本数据，例如维基百科、新闻文章、社交媒体帖子等。在这些数据上进行多轮训练，使得模型能够学习到自然语言中的语法、语义、修辞手法等信息，并将其编码为向量形式。在训练好后，为了提高聊天质量，ChatGPT 通常需要经过微调。它可以在已有的聊天数据上进行训练，以适应特定的应用场景和任务，例如客服聊天、智能助理等。

图 11.6 中展示了一段与 ChatGPT 的对话，可以看出，ChatGPT 能够根据谈话者的建议，结合上下文来灵活地进行交流。

MY 面对困难，你认为应该向家人诉说还是向朋友诉说呢？

面对困难，向家人或朋友诉说都是一个可以考虑的选项，但选择哪一个取决于你对他们的信任程度以及你需要什么样的支持。

如果你觉得自己的家人很支持你并且能够给予你安慰和建议，那么向家人诉说可能是一个不错的选择。你的家人可能更容易理解你的处境，并且能够给你提供更长期的支持。

另一方面，如果你有一些很亲密的朋友，他们也会给你情感支持，并且可能能够提供一些不同的视角和建议。向朋友诉说可能会让你感觉更轻松，并且可能会得到更直接的帮助。

总之，无论向家人还是向朋友诉说，最重要的是找到你信任的人，能够真正理解你的困难，支持你度过难关。

MY 我认为即便我的家人能够给我安慰及建议，我也更愿意向朋友诉说，因为我们是同龄人，他们更能够了解我的处境。

理解你的处境是很重要的，这样你的朋友才能真正地理解你的感受和经历。如果你觉得你的朋友比家人更容易理解你的困境，那么向他们诉说可能是一个更好的选择。

同年龄段的朋友更可能经历过类似的问题或挑战，他们可能更容易理解你的处境，并能够提供更相关的建议。同时，向朋友诉说也可能会让你感到更加舒适和放松，因为他们更加熟悉你的生活方式和文化环境。

无论选择哪一种方式，诉说可以帮助你减轻压力和焦虑，并获得有用的建议和支持。最重要的是，选择那些能够真正理解你的人，让他们知道你需要帮助，并感谢他们的支持。

MY 是的，家人很爱我们，但是可能对于我们的困境不是很理解，所以无法提供客观的建议。

确实，有时候我们的家人虽然很爱我们，但是可能对我们的处境不是很了解，无法给出真正有效的建议。这时候，找到能够理解我们困境的人并寻求他们的帮助是非常重要的。

有时候，我们的朋友可能比家人更容易理解我们的困境，因为他们可能和我们处于相似的生活阶段，也可能经历过类似的困境。他们能够给我们提供更具体、实用的建议，帮助我们找到解决问题的方法。

无论我们选择向家人还是朋友寻求帮助，最重要的是能够与他们坦诚沟通，让他们知道我们需要的是什么样的支持。在获得他们的帮助的过程中，我们应该尽可能地保持开放的态度，接受不同的观点和建议，并为自己的未来做出最好的决策。

图 11.6　与 ChatGPT 的对话实例

图 11.7 展示了 ChatGPT 对于中国有哪些世界奇观的回答。在处理问题时，ChatGPT
会首先对问题进行分词，将问题分解成一个个单独的单词或短语。然后，它会对这些单词
或短语进行语法和语义分析，以理解它们之间的关系和意义。

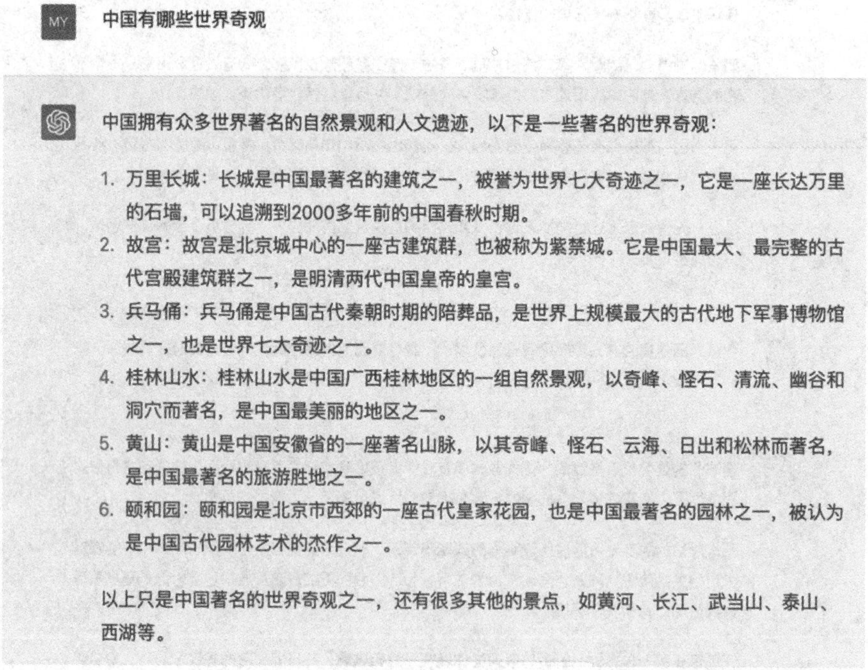

MY　中国有哪些世界奇观

中国拥有众多世界著名的自然景观和人文遗迹，以下是一些著名的世界奇观：

1. 万里长城：长城是中国最著名的建筑之一，被誉为世界七大奇迹之一，它是一座长达万里
   的石墙，可以追溯到2000多年前的中国春秋时期。
2. 故宫：故宫是北京城中心的一座古建筑群，也被称为紫禁城。它是中国最大、最完整的古
   代宫殿建筑群之一，是明清两代中国皇帝的皇宫。
3. 兵马俑：兵马俑是中国古代秦朝时期的陪葬品，是世界上规模最大的古代地下军事博物馆
   之一，也是世界七大奇迹之一。
4. 桂林山水：桂林山水是中国广西桂林地区的一组自然景观，以奇峰、怪石、清流、幽谷和
   洞穴而著名，是中国最美丽的地区之一。
5. 黄山：黄山是中国安徽省的一座著名山脉，以其奇峰、怪石、云海、日出和松林而著名，
   是中国最著名的旅游胜地之一。
6. 颐和园：颐和园是北京市西郊的一座古代皇家花园，也是中国最著名的园林之一，被认为
   是中国古代园林艺术的杰作之一。

以上只是中国著名的世界奇观之一，还有很多其他的景点，如黄河、长江、武当山、泰山、
西湖等。

图 11.7　向 ChatGPT 提问实例

在分析问题时，ChatGPT 的模型会根据词汇和上下文来确定关键词和主题。这些关键
词和主题可以帮助 ChatGPT 更好地理解问题，使其提供更相关和准确的答案。

一旦 ChatGPT 确定了问题的关键词和主题，就会在内部模型中搜索与这些关键词和
主题相关的信息。这些信息可能来自 ChatGPT 训练模型中的大量文本数据，包括互联网上
的文章、书籍、新闻等。ChatGPT 会使用这些数据来获取关于问题的背景知识，并找到与
问题最相关的答案。

最后，ChatGPT 会将这些信息综合起来，形成一个答案，并将其呈现给提问者。这个
答案可能是一个简短的回答，也可能是一个更长的段落或文章。

11.2　让 ChatGPT 成为我们工作中的顾问

ChatGPT 的训练样本中不乏专业的知识。有了这些训练样本作为支撑，它可以通过

SAT 考试、通过法律和商学院的考试甚至可以获得 MBA 学位。因此我们可以将 ChatGPT 作为一个随叫随到的专业顾问，帮助我们解决工作上的困难。

11.2.1　关键信息提取

借助于强大的特征表征能力，ChatGPT 能够从冗余的文本信息中提取出关键的信息。首先，ChatGPT 会对原始文本进行预处理，包括分句、分词、去除停用词等操作，以便更好地理解和处理原始文本。之后，ChatGPT 使用关键词提取算法从文本中提取出最重要的关键词，这些关键词通常是文章的主题、重点和关键信息，可以帮助 ChatGPT 更好地理解文章的内容。最后，ChatGPT 使用自然语言处理技术对文本进行分析和理解，包括语法分析、语义分析、命名实体识别等。这些技术可以帮助 ChatGPT 理解文本的结构、含义和重要信息。基于上述步骤的分析结果，ChatGPT 可以自动生成一份简明扼要的文章主要内容总结，通常包括文章的主题、重点、关键信息和结论等内容。因此 ChatGPT 可以快速写出新闻稿与文章摘要等内容。

图 11.8 展示了 ChatGPT 从北京冬奥会的各种冗杂信息中，提取关键信息并撰写出的

MY　用以下内容写一篇100字左右的新闻稿：
第二十四届冬季奥林匹克运动会，又称2022年冬季奥运会，一般称为北京冬奥，于2022年2月4日至2月20日在中华人民共和国国都北京举行，此外，河北省西北部城市张家口也将承办本届冬奥会大部分户外冰雪项目；这是中国首次举办冬季奥运会，而作为主办地点之一的北京也因而成为首座"双奥之城"（既举办过夏季奥运会，又举办过冬季奥运会的城市）。本次冬奥会与2018年平昌冬奥会、2020年东京奥运会连续在亚洲举行，是奥运会历史上首次在欧洲以外的大洲连续举行奥运会。

由于2020年东京夏季奥林匹克运动会延期一年举行，与北京冬奥会的间隔缩短为半年，这是1994年冬季奥运会与夏季奥运会错开举办以来，间隔最短的一次。

本届冬奥会的会徽于2017年12月15日公布。会徽以"冬梦"为主题，以汉字"冬"为灵感来源，主色调为蓝色，同时使用源自中华人民共和国国旗的红黄两色。

该届冬奥的吉祥物"冰墩墩"于2019年9月17日公布。"冰墩墩"以中国国宝熊猫为原型进行设计，结合熊猫形象与冰晶外壳，体现冰雪运动和现代科技，整体形象类似航天员，寓意创造非凡、探索未来，体现了追求卓越、引领时代，以及面向未来的无限可能。

⊛　中国首次举办的第二十四届冬季奥林匹克运动会，即北京冬奥会于2月4日至2月20日在北京和张家口成功举行，本届冬奥会成为中国首座"双奥之城"，历史上首次在亚洲连续举办的奥运会。会徽以"冬梦"为主题，吉祥物"冰墩墩"则以中国国宝熊猫为原型，体现了冰雪运动和现代科技。由于疫情原因，本届冬奥会实行了一系列防疫措施，以确保比赛的安全顺利进行。北京冬奥会圆满落幕后，奥林匹克会旗也由北京移交给了意大利米兰，将迎来下一届2026年冬季奥运会的举办。

图 11.8　ChatGPT 撰写新闻稿

新闻稿。这样快速高效的方式，可以帮助新闻从业者更加快速地写出报道。为了进一步探索其关键信息抓取能力，图 11.9 展示了 ChatGPT 从文章中提取摘要的能力。

MY　根据以下文章写出100字左右的中文摘要：
三门峡是黄河干流上最后一段峡谷，地处连接黄河中游和下游的咽喉地带，在黄河水系形成演化研究中占据关键地位。此前，中外科学家主要围绕三门峡盆地边缘的露头剖面开展研究，基于湖泊沉积物的消亡、最高黄河阶地的发育、区域地质构造分析、沉积物物源变化等证据，提出现代黄河水系可能在距今约15万年、约100万年、不晚于120万年、约130~150万年、约150~160万年、约500万年开始形成。

然而，三门峡盆地晚新生界地层出露不连续，研究剖面往往由多个相距数千米的短剖面拼接而成，加之地层多有倾斜、植被覆盖度高、表面风化严重，在剖面对接、沉积相划分、古地磁定年等方面均存在一定不确定性，是造成现有认识分歧的重要原因。

鉴于此，兰州大学资源环境学院西部环境教育部重点实验室地貌演化与新生代环境研究团队，与中国地震局地质研究所、中国地震局第一监测中心、日本岛根大学、中国地质大学（武汉）等单位联合，在三门峡盆地中心实施环境钻探，获取了黄河贯通三门峡过程较为连续的岩芯记录。通过与盆地边缘露头剖面的对比，明确了岩芯108.7米处河道沉积物的首次出现是黄河在三门峡地区留下的最老印迹。

文章介绍了三门峡盆地地层研究的现状，指出了现有认识分歧的原因，即三门峡地区地层不连续、多有倾斜、植被覆盖度高、表面风化严重等。为了解决这些问题，中国多个单位联合实施了环境钻探，获取了黄河贯通三门峡过程较为连续的岩芯记录。研究发现，岩芯108.7米处河道沉积物的首次出现是黄河在三门峡地区留下的最老印迹，这一结果为黄河水系的形成和演化提供了重要依据。

图 11.9　ChatGPT 提取文章中的摘要

11.2.2　检查语法

ChatGPT 可以使用语言模型和神经网络来检查语法。当用户输入文本时，ChatGPT 会对其进行分词，构建句子结构，然后使用语言模型和神经网络来预测下一个单词或字符的可能性。如果下一个单词或字符的预测值不符合语法规则，则会标识出错误并提供纠正建议。图 11.10 中展示了 ChatGPT 的语法检查能力。

与传统的语法检查算法不同，ChatGPT 可以通过多种方式检查语法，具体如下所述。

（1）基于规则的语法检查。ChatGPT 可以使用事先定义好的规则来检查语法错误。这下面这篇文章有哪些语法错误?

Until the very latest moment of his existence, man has been bound to the planet on which he originated and developed. Now he had the capability to leave that planet and move out into the universe to those worlds which he has known previously only directly. Men have explored parts of the moon, put spaceships in orbit around another planet and possibly within the decade will land into another planet and explore it. Can we be too bold as to suggest that we may be able to colonize other planet within the not-too-distant future?

 该文章中有1个语法错误:

"Now he had the capability to leave that planet and move out into the universe to those worlds which he has known previously only directly."

应该改为:

"Now he has the capability to leave that planet and move out into the universe to those worlds which he had previously known only indirectly."

使用 "he has" 替换 "he had"，使用 "indirectly" 替换 "directly"，使得该句更准确。

图 11.10　ChatGPT 用于检查英语语法错误

些规则可以是基于语言学原则或已知的语法错误模式，如主谓不一致、动词时态错误等。ChatGPT 可以使用这些规则来查找文本中的错误，并提供纠正建议。

（2）基于机器学习的语法检查。ChatGPT 可以使用机器学习算法来检测文本中的语法错误。在这种方法中，ChatGPT 会使用大量的语法正确的文本来训练模型，然后使用该模型来预测文本中的语法错误。这种方法的优点是可以自动适应新的语法错误模式。

（3）上下文感知的语法检查。ChatGPT 可以分析文本中的上下文信息来确定某些错误是否存在。例如，如果一个句子中包含一个名词，那么 ChatGPT 会检查该句子中是否有一个相应的动词，以确保主谓一致。这种方法可以减少误报和漏报的情况。

借助丰富的语料库，ChatGPT 可以准确地找到文章中的错误，这对于有英文写作需求的从业者（如科研人员、外企员工，海外投资商等）有着很大的帮助。

11.2.3　SQL 语言生成

SQL 是数据科学从业者的重要工具，是数据分析的基础。ChatGPT 能够从大量不规则的数据中生成 SQL 序列，从而提高数据科学工作者的工作效率。图 11.11 中 ChatGPT 利用 T-SQL 代码创建了一个表，其中包含中国所有直辖市的名字、各自的 GDP 及各自的常住人口数。

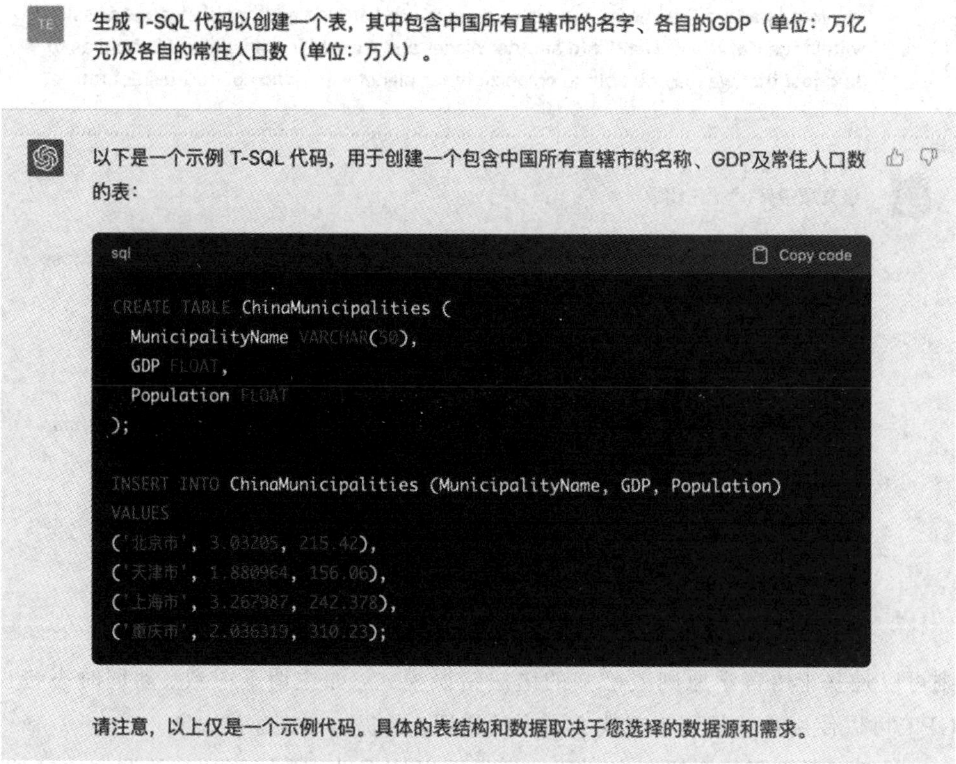

TE　生成 T-SQL 代码以创建一个表，其中包含中国所有直辖市的名字、各自的GDP（单位：万亿元）及各自的常住人口数（单位：万人）。

以下是一个示例 T-SQL 代码，用于创建一个包含中国所有直辖市的名称、GDP及常住人口数的表：

```sql
CREATE TABLE ChinaMunicipalities (
  MunicipalityName VARCHAR(50),
  GDP FLOAT,
  Population FLOAT
);

INSERT INTO ChinaMunicipalities (MunicipalityName, GDP, Population)
VALUES
('北京市', 3.03205, 215.42),
('天津市', 1.880964, 156.06),
('上海市', 3.267987, 242.378),
('重庆市', 2.036319, 310.23);
```

请注意，以上仅是一个示例代码。具体的表结构和数据取决于您选择的数据源和需求。

图 11.11　用 ChatGPT 生成 T-SQL 代码来创建一个表

11.3　让 ChatGPT 成为我们科研中的助理

科研工作中除了对问题进行深入推敲实验之外，通过阅读大量的文献对方法进行总结也是重要的一环，这时，ChatGPT 可以作为一个很好的助理，帮助我们总结目前的研究现状。除此之外，写代码也是大语言模型的强项之一，这样可以快速实现我们需要的功能，以此来加快实验的进度。

11.3.1 提供文献检索

ChatGPT 可以实现相关领域的文献检索，从而帮助研究人员快速找到有代表性的论文，并了解某一个新的领域。

 MY 请列出五篇近期发表的有代表性的 Diffusion Model 方向的论文

以下是五篇近期发表的有代表性的 Diffusion Model 方向的论文：

1. Gohil, S. (2021). Impact of parameterizations and diffusion models on the prediction of groundwater pollution. Journal of Hydrology, 595, 126071.

2. Loeffelholz, C. V., Wesseling, J. G., & van Straten, G. (2021). Influence of surface roughness on the diffuse field sound absorption coefficient: A diffusion model approach. The Journal of the Acoustical Society of America, 149(3), 1396-1406.

3. Maritan, A., & Rinaldo, A. (2021). Scaling theory of transport in heterogeneous media: from pore to macroscopic scales. Reviews of Modern Physics, 93(1), 015002.

4. Zhang, Y., Liu, H., & Wang, J. (2021). A model for the diffusion of online rumors with user awareness and rumor blocking. IEEE Transactions on Computational Social Systems, 8(3), 655-663.

5. Zhu, S., & Ye, J. (2021). A diffusion model for multi-state networks with heterogeneous nodes. Proceedings of the 30th ACM International Conference on Information and Knowledge Management, 1489-1498.

图 11.12　ChatGPT 检索论文

11.3.2 提供研究背景

ChatGPT 可以通过对网页、百科和论坛中数据的分析，总结出不同领域的研究现状，如图 11.13 所示。之后根据研究现状，ChatGPT 可以指出目前该研究领域的问题，供科研人员思考，如图 11.14 所示。

计算机视觉中 Diffusion Model 的研究现状

在计算机视觉领域，Diffusion Model 的研究主要集中在图像处理和计算机视觉任务中的应用。

以下是一些计算机视觉中 Diffusion Model 的研究现状：

1. 图像分割：Diffusion Model 可以应用于图像分割任务中，将图像分割为不同的区域。研究者们开发了基于 Diffusion Model 的图像分割算法，通过图像像素之间的扩散过程来确定图像中的区域边界。
2. 图像去噪：Diffusion Model 也可以应用于图像去噪任务中，通过在图像像素之间进行扩散来去除噪声。研究者们开发了基于 Diffusion Model 的图像去噪算法，并在不同的噪声环境下进行了实验验证。
3. 图像增强：Diffusion Model 还可以应用于图像增强任务中，通过在图像像素之间进行扩散来增强图像的局部细节。研究者们开发了基于 Diffusion Model 的图像增强算法，并在不同的图像数据集上进行了实验验证。

总的来说，计算机视觉中 Diffusion Model 的研究现状尚处于发展阶段，研究者们正在不断探索更多应用场景和算法优化方式，以提高计算机视觉任务的性能和效果。

图 11.13　ChatGPT 提供的计算机视觉中的扩散模型研究现状

 计算机视觉中 Diffusion Model 的问题

在计算机视觉中应用 Diffusion Model 时，也存在一些问题和挑战：

1. 参数设置问题：Diffusion Model 中有多个参数需要设置，例如扩散系数、初始概率分布等。不同的参数设置会影响到算法的性能和效果，因此需要进行适当的参数调整和优化。
2. 计算复杂度问题：Diffusion Model 中的计算复杂度较高，需要进行大量的矩阵计算和迭代运算。为了在实际应用中提高算法的效率，需要对算法进行优化。
3. 噪声和边界处理问题：在实际图像中，存在噪声和边界问题，这些会对算法的准确性和稳定性造成影响。因此需要进行噪声和边界的处理。
4. 模型适用性问题：Diffusion Model 在处理图像时，对图像的纹理、颜色、对比度等特征的敏感性不同。因此需要根据具体的应用场景选择适合的模型。

总的来说，计算机视觉中应用 Diffusion Model 还面临着许多问题和挑战，需要研究者们进行深入的探索和优化。

图 11.14　ChatGPT 提供的计算机视觉中扩散模型的问题

ChatGPT简明教程

11.3.3　写代码

作为一个自然语言处理模型，ChatGPT 在回答编程问题时，尽管可以给出代码，但它不会像人类程序员一样直接编写代码，而是从训练数据中的模式和规律，生成一段代码。在训练过程中，ChatGPT 会学习到一些编程语言的语法规则、语义等知识，以及代码片段的组织方式、命名规则等信息。当我们输入编程问题时，ChatGPT 会根据已有的知识和上下文生成相应的代码片段。如图 11.15 所示是 ChatGPT 用 PyTorch 实现的自注意力机制代码。

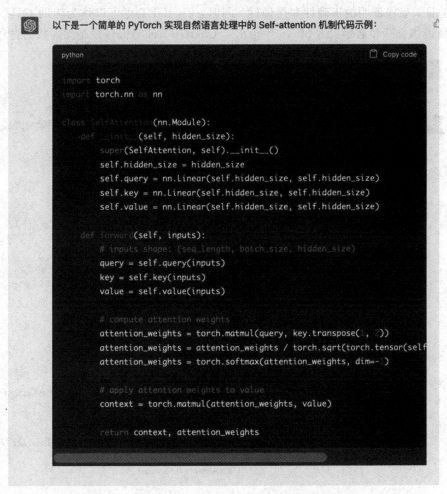

图 11.15　ChatGPT 用 PyTorch 实现的自注意力机制代码

11.3.4　证明

ChatGPT 并不是真正理解数学概念和证明方法的，它只是通过学习大量的数学文本来捕捉语言和符号之间的关系，从而能够生成类似于数学证明的文本。

在实际应用中，我们可以为 ChatGPT 提供足够的数学文本数据集，包括数学定理、证明过程等，然后使用该模型生成新的数学证明。生成的证明可能会遵循一些基本的逻辑推理规则和数学定理，但并不能保证其正确性和严谨性。

因此，ChatGPT 可以用于生成数学证明的初步探索，但在实际应用中，需要经过人工审查和验证，确保证明的正确性和严谨性。同时，ChatGPT 也可以作为辅助工具，为数学研究人员提供灵感和启示。图 11.16 中给出了 ChatGPT 证明根号 2 是无理数的过程。

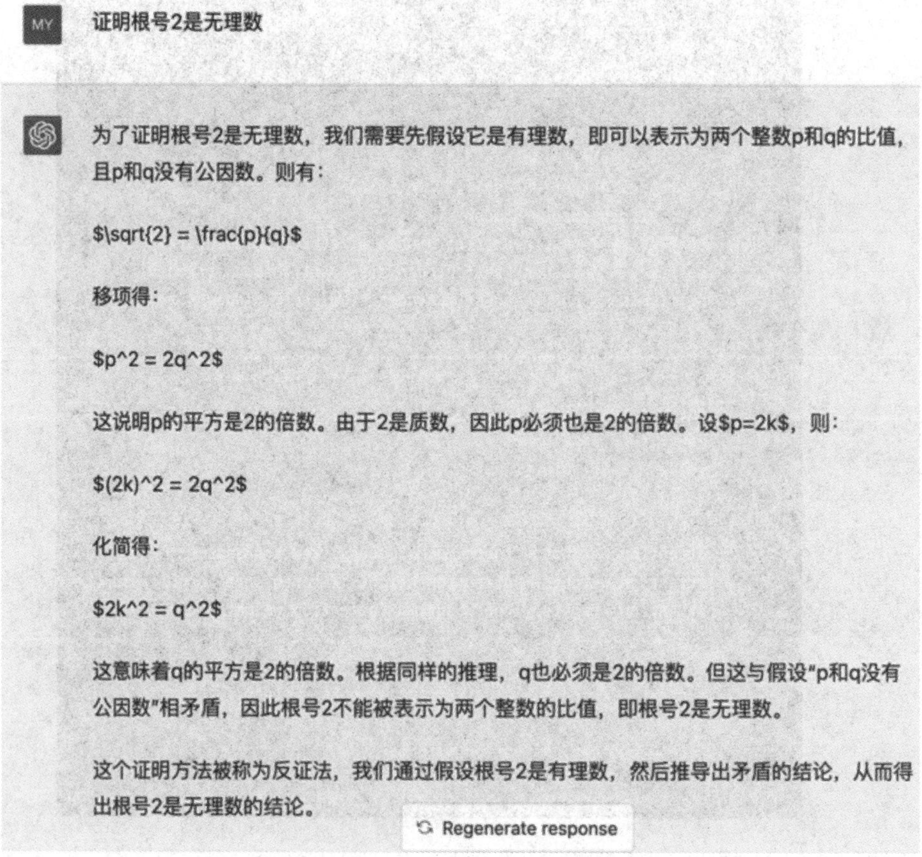

MY　**证明根号2是无理数**

　为了证明根号2是无理数，我们需要先假设它是有理数，即可以表示为两个整数p和q的比值，且p和q没有公因数。则有：

$\sqrt{2} = \frac{p}{q}$

移项得：

$p^2 = 2q^2$

这说明p的平方是2的倍数。由于2是质数，因此p必须也是2的倍数。设$p=2k$，则：

$(2k)^2 = 2q^2$

化简得：

$2k^2 = q^2$

这意味着q的平方是2的倍数。根据同样的推理，q也必须是2的倍数。但这与假设"p和q没有公因数"相矛盾，因此根号2不能被表示为两个整数的比值，即根号2是无理数。

这个证明方法被称为反证法，我们通过假设根号2是有理数，然后推导出矛盾的结论，从而得出根号2是无理数的结论。

↻ Regenerate response

图 11.16　ChatGPT 证明根号 2 是无理数的过程

11.4　让 ChatGPT 为我们提供创作灵感

我们通常需要寻找灵感来激发艺术创作，ChatGPT 借助其多样的学习样本，可以为音乐创作过程提供灵感，供我们进行参考。在绘画方面，ChatGPT 结合第 6 章介绍的扩散模型等图像生成模型，可以让 AI 画出更精美的图像。

11.4.1　作曲

ChatGPT 的训练样本中有许多古典与现代音乐的风格与和弦的组合，因此 ChatGPT 也有着作曲的能力，图 11.17 中我们让 ChatGPT 根据指定的速度和节拍来生成一段伴奏和弦。

图 11.17　ChatGPT 根据要求创作的伴奏和弦

11.4.2 作词

ChatGPT 在学习的时候，不同音乐风格下也有特定的歌词，我们尝试让 ChatGPT 根据上面的作曲风格来为歌曲填词，如图 11.18 所示。从图中可以看出，它所创作出的风格与我们要求的主题十分贴切，因此，ChatGPT 在音乐创作方面也十分有发展潜力。

> **TF** 对上面的和弦进行填词，内容是赞美大学时光的

> 好的，以下是我为之前创作的和弦进行填写的歌词：
>
> Verse 1:
> 走过校园的林荫小径，看着阳光洒下来
> 心情总是无比的愉悦，留下美好的回忆
>
> Chorus:
> 大学时光，青春年华，热血澎湃在胸膛
> 朋友相伴，知识相长，让我们在这里共舞
>
> Verse 2:
> 走过图书馆的长长书架，找到属于自己的宝藏
> 学习的日子总是充实，让我们懂得更多的人生
>
> Chorus:
> 大学时光，青春年华，热血澎湃在胸膛
> 朋友相伴，知识相长，让我们在这里共舞
>
> Verse 3:
> 走过操场的绿油油草坪，看着同学们奔跑的身影
> 运动的日子总是充满活力，让我们体验更多的乐趣
>
> Chorus:
> 大学时光，青春年华，热血澎湃在胸膛
> 朋友相伴，知识相长，让我们在这里共舞
>
> Bridge:
> 岁月匆匆，大学时光转瞬即逝
> 但是回忆会永驻心间，带给我们美好的思绪
>
> Chorus:
> 大学时光，青春年华，热血澎湃在胸膛
> 朋友相伴，知识相长，让我们在这里共舞
>
> Outro:
> 感谢大学时光，让我们成为更好的自己
> 这份珍贵的回忆，会在我们心里永不褪色

图 11.18　ChatGPT 根据图 11.17 中的和弦进行填词

11.4.3 绘画

目前，ChatGPT 还不能够实现绘画创作，但是它可以根据自有的丰富语料库，来写出精准的提示（prompt），从而可以帮助创作者更高效地与机器交流，进而引导扩散模型生成图像。接下来，我们让 ChatGPT 生成一段提示，表明画作的风格是中国传统的水墨画风。画的内容节选自唐朝诗人王勃的《滕王阁序》"披绣闼，俯雕甍，山原旷其盈视，川泽纡其骇瞩。闾阎扑地，钟鸣鼎食之家；舸舰弥津，青雀黄龙之舳。云销雨霁，彩彻区明。落霞与孤鹜齐飞，秋水共长天一色。渔舟唱晚，响穷彭蠡之滨，雁阵惊寒，声断衡阳之浦。"利用 ChatGPT 生成的提示，Midjourney 创作的图片如图 11.19 所示。

图 11.19　ChatGPT 生成提示来引导扩散模型生成图像

　　本章只对 ChatGPT 有代表性的任务进行了介绍，从而让读者了解到 ChatGPT 丰富的应用场景。除此之外，ChatGPT 还在教育、医疗、政策制定等方面有着广泛的应用，并将在更多的领域扮演着越来越多的角色。

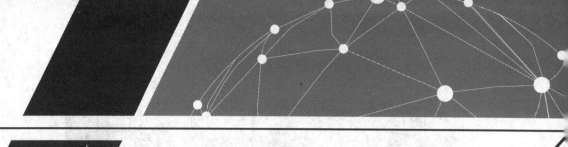

第12章 ChatGPT 智能教育大模型

ChatGPT 是 OpenAI 开发的一种基于人工智能技术的语言模型，它能够帮助人们回答各种各样的问题，并提供相关的知识和信息。而 ChatGPT 智能教育大模型是指在 ChatGPT 的基础之上，通过借助大量的教育数据进行训练、学习和分析，其通常应用于教育领域。本章将介绍 ChatGPT 智能教育大模型的相关概念、原理以及在教育领域的应用。

12.1 教育大模型介绍

ChatGPT 智能教育大模型是一种基于自然语言处理技术开发的人工智能大模型，旨在为教育领域提供智能化的教学辅助。它能够模拟人类的思维方式理解学生提出的问题，并给出个性化的解决方案。ChatGPT 智能教育大模型采用的 GPT 关键技术如图 12.1 所示。

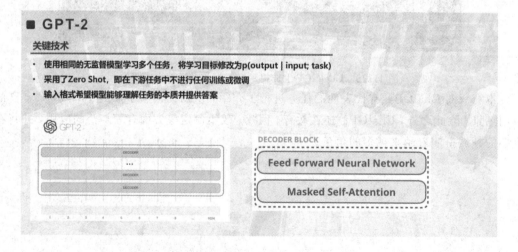

图 12.1　智能教育大模型采用的 GPT 关键技术

目前，探知图灵科技(西安)有限公司基于 GPT 开源模型，借助大量的教育行业数据和自然语言处理数据集进行开发和训练，已推出一款 ChatGPT 智能教育大模型。该模型已在教育产业的多个领域得到广泛应用，包括语言学习、创意设计、编程教育等，如图 12.2 所示。

图 12.2　探知图灵推出的基于 ChatGPT 智能教育大模型的 Web 应用界面

12.2　教育大模型的原理

　　ChatGPT 智能教育大模型的核心原理是自然语言处理技术，该技术能够让计算机理解和处理自然语言。如图 12.3 所示，在 ChatGPT 智能教育大模型中，涉及的自然语言处理技术主要包括以下几个方面：

图 12.3　智能教育大模型中的自然语言处理技术

语言识别技术：语言识别技术可将人类语音转换为计算机可处理的数字信号。在ChatGPT智能教育大模型中，该技术实现了学生语音到文本的转换。

文本分类技术：文本分类技术可将文本按照设定的分类规则进行分类。在将学生输入的语音转换为文本后，ChatGPT智能教育大模型会利用文本分类技术对学生提出的问题进行归类，从而能够更加准确地理解学生的问题和需求。例如，学生提出的问题可能会被归类为事实、观点等不同类别中的某一个。

文本生成技术：文本生成技术主要是基于深度学习模型，包括循环神经网络（RNN）和长短时记忆网络（LSTM）等。借助该技术，ChatGPT智能教育大模型可根据学生提出的问题生成各种类型的文本。

语义理解技术：在ChatGPT智能教育大模型中，语义理解技术被用于对输入的文本进行深度分析和理解，从而帮助大模型更好地理解学生的意图，给出个性化的解决方案。

除了上述的自然语言处理技术外，ChatGPT智能教育大模型还采用了深度学习技术，包括神经网络、自适应学习等。这些深度学习技术使得大模型拥有较强的学习能力和较高的智能水平。

12.3　教育大模型的应用

ChatGPT智能教育大模型在教育领域的应用非常广泛，如图12.4所示，它可以服务于各种类型的教育场景，如在线课程、智能辅导、智能测评等。

图12.4　智能教育大模型在教育领域的应用

（1）在线课程：在进行线上教学时，ChatGPT智能教育大模型作为课程辅助工具，能够为学生提供基于授课内容的实时答疑服务，帮助学生更好地理解和掌握在线课程的知识要点。

具体而言，ChatGPT 教育大模型不仅可以结合当前授课的进度和内容，对学生的疑问进行实时解答，也可以根据学生的反馈，对答疑的知识点进行适当的基础知识补充描述或拓展知识点讲解。

（2）智能辅导：结合学生的个人情况和需求，ChatGPT 智能教育大模型能够针对性地提供个性化的培养方案，做到真正意义上的因材施教。例如，学生的学习偏科情况、学科掌握情况、预期达成目标、性格、智商、兴趣等，都会成为 ChatGPT 教育大模型提供个人培养方案的依据。它会综合上述因素，提供最贴合学生实际情况和期望的培养方案。

（3）智能测评：ChatGPT 智能教育大模型能够结合学生的基本信息和学习过程中反馈的情况进行智能测评，之后针对每位学生完成的测评报告可以帮助教师更加直观和精准地了解学生的当前培养情况。

从教师管理班级的角度出发，智能测评可应用于以下两个场景：

一是协助建立每位学生的个人学习档案，通过多次测评反馈，可以精确记录学生每个阶段的学习情况，一旦出现异常情况教师就可以及时跟进、发现问题、解决问题；二是以整个班级的智慧测评数据为支撑，可以根据管理需求生成班级学习情况的智慧报表。例如，各学科的基础题丢分比例、成绩波动较大的学生比例等，这些报表可帮助教师更为直观地关注班级出现的特殊情况，以对班级整体情况能及时掌握。

（4）语言学习：在学生进行语言学习时，ChatGPT 智能教育大模型作为学习辅助工具，不仅能根据学生的问题提供语法知识答案，还能与学生进行实时的文本和语音交互，帮助学生更好地掌握语言技能。如果学生对某种特殊场景有语言学习需求，如面试、演讲、志愿服务等，ChatGPT 将结合真实的场景，提供特定的语言交互模式，从而满足学生的学习需求。

（5）数学教育：ChatGPT 智能教育大模型可以为学生提供数学原理的解释，也可以根据学生的学习进度生成练习试题和解题过程，完成"教—测—评"一体化的辅导过程，帮助学生提高对于数学的理解和掌握水平。

针对数学习题的解题辅导过程，ChatGPT 不仅能根据不同的解题思路提供详细的公式推导，也能实时演示空间几何模型的搭建过程。这将帮助逻辑推导能力和空间想象能力较为薄弱的学生更好地去理解数学求解答案的过程。

（6）编程教育：ChatGPT 智能教育大模型可以处理训练集中的海量代码，并具备较高程度的编程能力。因此，大模型不仅能给学生提供编程教育的知识点讲解，而且在学生写代码的过程中，大模型还能通过实时交互向学生解释代码中的错误信息并帮助修改调试，这无疑对于初学者来说十分友好。如图 12.5 所示为智能教育大模型在编程教育的应用实例。

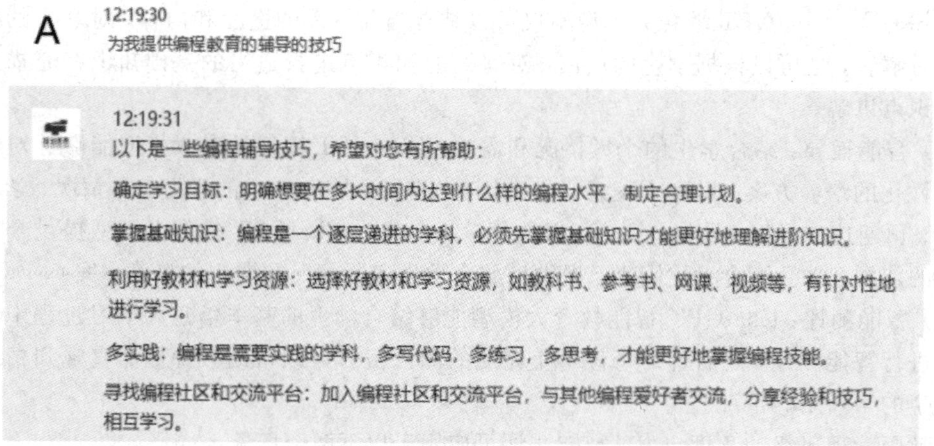

A 12:19:30
为我提供编程教育的辅导的技巧

12:19:31
以下是一些编程辅导技巧，希望对您有所帮助：

确定学习目标：明确想要在多长时间内达到什么样的编程水平，制定合理计划。

掌握基础知识：编程是一个逐层递进的学科，必须先掌握基础知识才能更好地理解进阶知识。

利用好教材和学习资源：选择好教材和学习资源，如教科书、参考书、网课、视频等，有针对性地进行学习。

多实践：编程是需要实践的学科，多写代码，多练习，多思考，才能更好地掌握编程技能。

寻找编程社区和交流平台：加入编程社区和交流平台，与其他编程爱好者交流，分享经验和技巧，相互学习。

图 12.5　智能教育大模型在编程教育的应用示例

12.4　教育大模型的优势和落地案例

本节将重点介绍 ChatGPT 智能教育大模型相比于传统教学模式的优势，以及当前涌现的一些落地案例。

12.4.1　教育大模型的优势

ChatGPT 智能教育大模型作为集成了各种先进的人工智能技术方法而研发出的教育辅助工具，相比于传统教学模式和方法，具有以下明显优势：

（1）个性培养，因材施教。正如"一千个读者眼中有一千个哈姆雷特"，人与人之间的差异性会导致每个学生适用的培养方案也大不相同，而 ChatGPT 智能教育大模型能够真正做到让每个学生拥有各自的培养方案。

在应用 ChatGPT 智能教育大模型的初期，根据学生的个人特点和以往的学习情况首先生成一个初始的培养方案，然后再结合后续培养过程中学生学习情况的反馈不断调整培养方案，使得方案尽可能地贴合学生的实际情况和诉求。

譬如，当学生想要一个中长期的学习方案以提高自己的学习成绩时，ChatGPT 智能教育大模型给出的方案是针对学生基础较为薄弱的学科分配更多的学习时间，并且提供较易理解的基础知识讲解和题目练习。倘若学生在题目练习过程中在某些知识模块上扣分较多，方案则会针对这些易错知识点增加学习内容。

（2）海纳百川，博采众长。社会的高速发展带来了社会问题的日益复杂化，掌握单一学科的知识，远远不足以解决问题。因此，知识体系更全面、更综合的人才，无疑会更容易得到就业市场和科研高校的青睐。ChatGPT 智能教育大模型通过更加实时和大规模的训练与应用进行快速迭代和完善，成为了一名百科全书式的"老师"，能够提供涵盖诸多学科领域的学习内容和方案，可以很好地应对这种交叉化、全面化的学习需求趋势。

（3）实时互动，随处可学。借助手机、计算机等终端设备，学生能够与 ChatGPT 智能教育大模型以实时互动的方式进行学习，而不受时间与空间的限制。

例如，身处偏远山区的学生，借助 ChatGPT 智能教育大模型提供的个性化培养方案和学习内容，有望缩小其与发达地区学生之间的教育资源差距。

总而言之，ChatGPT 智能教育大模型在教育领域有着十分广泛的应用，发挥其实时交互、个性服务、快速进化的优势，可以为学生提供更加完美的学习体验和更加贴合、全面的学习方案。

12.4.2　教育大模型的落地案例

在介绍了 ChatGPT 智能教育大模型的独到之处后，下面将通过一些案例来说明 ChatGPT 智能教育大模型如何依据其自身特点落地于教育领域的各个方向。

1. ChatGPT 智能教育大模型在 AI 助教方面的应用

ChatGPT 智能教育大模型作为一种基于自然语言处理技术的人工智能教育模型，在 AI 助教方面有着广泛的应用。下面重点介绍 ChatGPT 智能教育大模型在国家开放大学中的应用。

国家开放大学是我国唯一一所以开放教育为特征的新型高等学校，其教育模式以远程教育为主，以网络为基础，以自主学习为主要方式，以学生为中心，以教师为主导，以现代信息技术为支撑，以考试为评价方式。在这种教育模式下，学生往往需要自主学习课程。由于国家开放大学的学生数量庞大，教师无法及时地给每一个学生提出的问题予以解答。对此，AI 助教可以有效解决这一问题。

ChatGPT 智能教育大模型作为一种基于自然语言处理技术的人工智能教育模型，通过模拟人类的思维方式来理解学生的问题，并给出相应的答案和解决方案。因此，ChatGPT 智能教育大模型在国家开放大学中成为一种重要的 AI 助教工具。

国家开放大学将 ChatGPT 智能教育大模型用于学生的课程答疑服务。如图 12.6 所示，当学生在学习过程中遇到问题时，可以向 ChatGPT 智能教育大模型提问，即可得到相应的答案和解决方案。这种方式大大提升了学生的学习效率和学习体验。未来，ChatGPT 智能教育大模型将会更加智能化、个性化，成为 AI 助教应用领域的核心部分。

2. ChatGPT 智能教育大模型在智能习题库方面的应用

根据教师输入的习题要求，ChatGPT 智能教育大模型能够自动生成习题，以下是

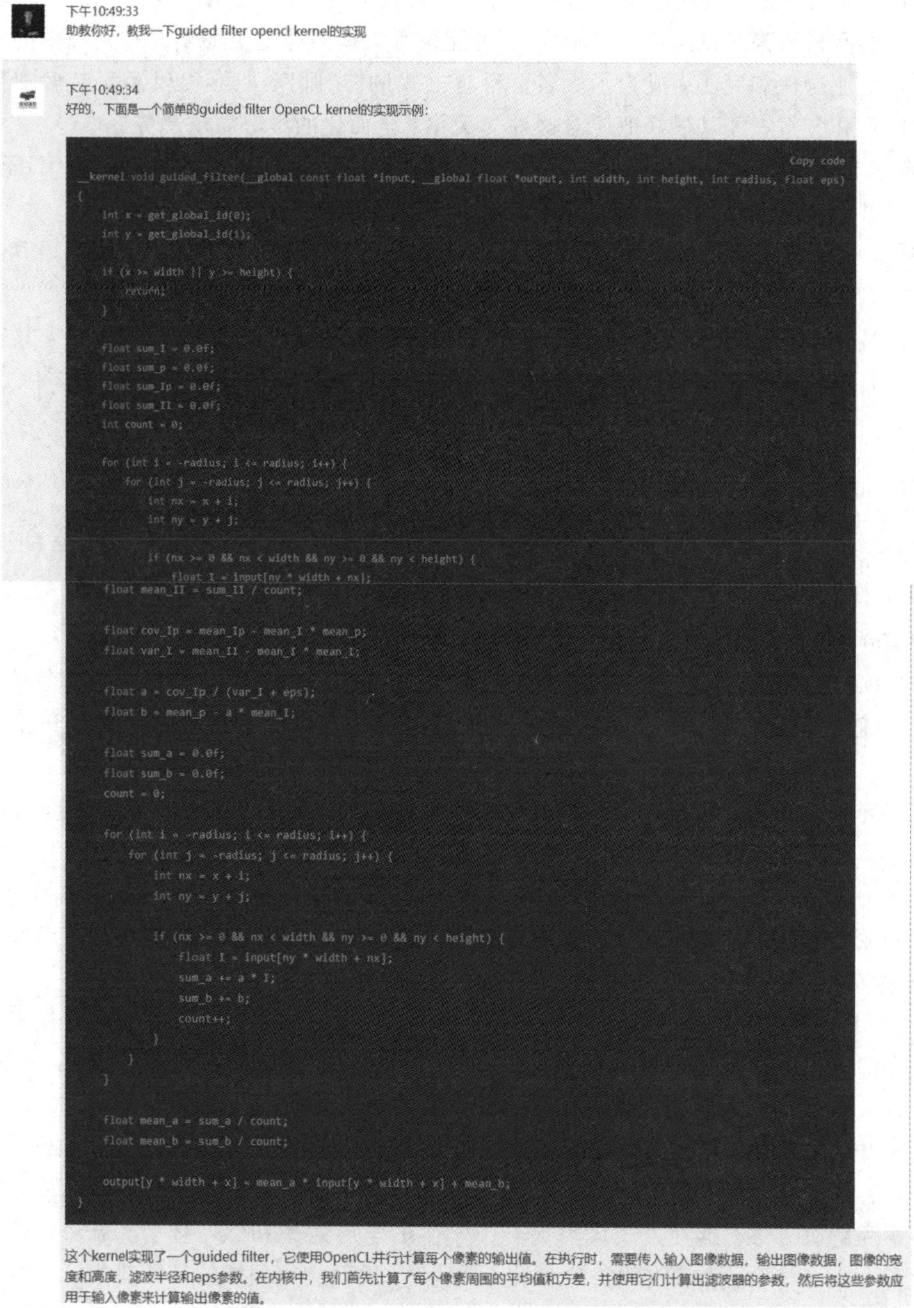

下午10:49:33
助教你好，教我一下guided filter opencl kernel的实现

下午10:49:34
好的，下面是一个简单的guided filter OpenCL kernel的实现示例：

```
                                                                              Copy code
__kernel void guided_filter(__global const float *input, __global float *output, int width, int height, int radius, float eps)
{
    int x = get_global_id(0);
    int y = get_global_id(1);

    if (x >= width || y >= height) {
        return;
    }

    float sum_I = 0.0f;
    float sum_p = 0.0f;
    float sum_Ip = 0.0f;
    float sum_II = 0.0f;
    int count = 0;

    for (int i = -radius; i <= radius; i++) {
        for (int j = -radius; j <= radius; j++) {
            int nx = x + i;
            int ny = y + j;

            if (nx >= 0 && nx < width && ny >= 0 && ny < height) {
                float I = input[ny * width + nx];
    float mean_II = sum_II / count;

    float cov_Ip = mean_Ip - mean_I * mean_p;
    float var_I = mean_II - mean_I * mean_I;

    float a = cov_Ip / (var_I + eps);
    float b = mean_p - a * mean_I;

    float sum_a = 0.0f;
    float sum_b = 0.0f;
    count = 0;

    for (int i = -radius; i <= radius; i++) {
        for (int j = -radius; j <= radius; j++) {
            int nx = x + i;
            int ny = y + j;

            if (nx >= 0 && nx < width && ny >= 0 && ny < height) {
                float I = input[ny * width + nx];
                sum_a += a * I;
                sum_b += b;
                count++;
            }
        }
    }

    float mean_a = sum_a / count;
    float mean_b = sum_b / count;

    output[y * width + x] = mean_a * input[y * width + x] + mean_b;
}
```

这个kernel实现了一个guided filter，它使用OpenCL并行计算每个像素的输出值。在执行时，需要传入输入图像数据，输出图像数据，图像的宽度和高度，滤波半径和eps参数。在内核中，我们首先计算了每个像素周围的平均值和方差，并使用它们计算出滤波器的参数，然后将这些参数应用于输入像素来计算输出像素的值。

图 12.6　AI 助教为学生解答编程问题

ChatGPT 智能教育大模型协助教师出题的流程：

（1）输入题目类型和难度级别：教师可以通过 ChatGPT 智能教育大模型的界面，选择题目类型（如选择题、填空题、简答题、论述题等）和难度级别。

（2）输入题目内容：根据教师输入的出题内容，系统会自动生成试题，通过自然语言处理技术进行分析和优化，从而生成符合各项要求的试题。如图 12.7 所示为智能习题库帮助教师出题的样例。

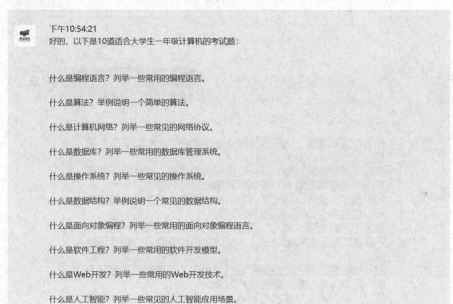

下午10:54:19
我是国家开放大学的一名计算机教师，请帮我出10道适合大学生一年级计算机的的考试题

下午10:54:21
好的，以下是10道适合大学生一年级计算机的考试题：

什么是编程语言？列举一些常用的编程语言。

什么是算法？举例说明一个简单的算法。

什么是计算机网络？列举一些常见的网络协议。

什么是数据库？列举一些常用的数据库管理系统。

什么是操作系统？列举一些常见的操作系统。

什么是数据结构？举例说明一个常见的数据结构。

什么是面向对象编程？列举一些常用的面向对象编程语言。

什么是软件工程？列举一些常用的软件开发模型。

什么是Web开发？列举一些常用的Web开发技术。

什么是人工智能？列举一些常见的人工智能应用场景。

图 12.7　智能习题库帮助教师出题

（3）教师审核和修改：教师也可以对系统生成的试题进行审核和修改，确保试题的准确性和合理性。

（4）保存试题：教师将审核通过的试题保存到试题库中，以备后续使用。

ChatGPT 智能教育大模型协助教师出题具有以下优势：

（1）提高出题效率。ChatGPT 智能教育大模型可以快速地生成符合要求的试题，大大提高了教师的出题效率。

（2）提高试题质量。ChatGPT 智能教育大模型可以通过自然语言处理技术对试题进行优化，从而提升试题的准确性和合理性。

（3）丰富试题类型。ChatGPT 智能教育大模型可以支持多种试题类型，包括选择题、填空题、简答题、论述题等，以满足不同教学场景的需求。

（4）构建试题库。ChatGPT 智能教育大模型可以将生成的试题保存到试题库中，便于日后管理和使用。

3. ChatGPT 智能教育大模型在智能客服方面的应用

随着人工智能技术的不断发展，智能客服已经成为了各大企业和机构提供服务的一种重要方式。国家开放大学与探知图灵合作研发并引入了 ChatGPT 智能教育大模型，该模型采用智能客服即聊天机器人方式为学生解答学习中遇到的各种问题。如图 12.8 所示，智能客服通过聊天机器人的形式解答问题。

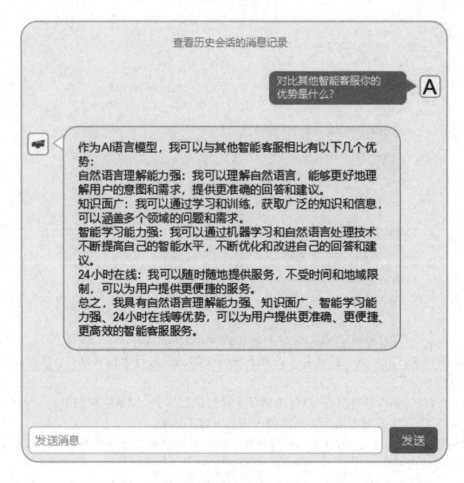

图 12.8　智能客服解答示例

国家开放大学的 ChatGPT 智能教育大模型在智能客服方面的应用包括：

（1）学生咨询服务。学生可以通过智能客服向 ChatGPT 提出问题，如系统登录、课程安排、选课流程、证书领取等，ChatGPT 会通过自然语言处理技术进行分析和理解，给出相应的回答和建议。

（2）学习辅导服务。ChatGPT 可以根据学生的学习情况和需求，提供个性化的学习辅导服务，包括课程推荐、学习计划制订、作业答疑等。

（3）技术支持服务。学生在使用国家开放大学的在线学习平台时，可能会遇到各种技术问题，ChatGPT 可以通过聊天机器人的方式快速解答学生的问题并提供技术支持服务。

与传统的人工客服相比，ChatGPT 智能教育大模型在智能客服方面的应用具有以下优势：

（1）高效性。ChatGPT 可以同时为多个学生提供服务，不会因为人力资源限制而出现排队等待的情况，大大提高了服务效率。

（2）个性化。ChatGPT 可以根据学生的学习情况和需求，提供个性化的服务和支持，以更好地满足学生的学习需求。

（3）精准性。ChatGPT 基于自然语言处理技术，可以对学生的问题进行精准理解和分析，并给出相应的回答和建议。

（4）可持续性。ChatGPT 可以根据学生的反馈和数据分析，不断优化和改进服务，确保服务的可持续性。

总之，ChatGPT 智能教育大模型在智能客服中的应用，为国家开放大学及其系统提供了更高效、个性化、精准和可持续的服务和支持，也为学生的学习和成长提供了更好的保障。

4. ChatGPT 智能教育大模型在 AI 家教方面的应用

在 AI 家教未诞生之前，让每一个学生都能拥有一位优秀的家庭教师对他进行一对一的辅导学习，由于经济或地域等因素，无疑是非常难以实现的一件事。

将 ChatGPT 智能教育大模型应用于 AI 家教，不仅对成本及地域等因素的要求远低于传统家教，而且能够通过引导式教学、协同式创作、扮演式解读等方式提高学生的学习能力、创作能力及学习热情。ChatGPT 智能教育大模型在 AI 家教方面的应用具有以下优势：

（1）引导式教学贯彻苏格拉底式教育理念。

教育的目的是帮助学生发现自我和追求智慧，而不是将知识硬性灌输给学生。AI 家教的引导式教学，就是通过提问、讨论和思考等方式来激发学生的思维和学习兴趣，并引导他们自己找到问题的答案，而并非机械地直接给出答案。

如图 12.9 所示，当学生提问 AI 家教一道数学题时，AI 家教并没有直接给出答案，而是理解了学生的思路后，提示可以使用分配律进行计算。

洞悉学生解答问题的思路，并知晓错误的所在，进而提示学生正确的解答方向，从而

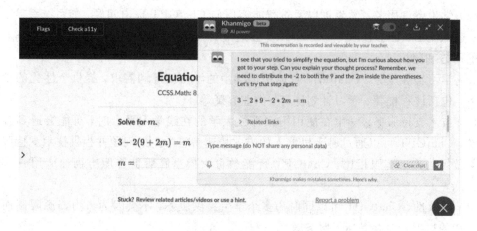

图 12.9　AI 家教解答数学题

帮助学生独立完成题目的解答，这便是 AI 家教在解答学生问题时的引导式教学模式。

（2）协同式创作为学生创作赋能。

论及 AI 在创作方面的作用，大多数人不免想到 AI 直接生成一段文本的场景。然而 AI 家教的作用并不是这样，而是根据创作者的思路去补充描述，进而完成协同式创作。如图 12.10 所示，AI 家教与用户协同完成一个故事的创作。

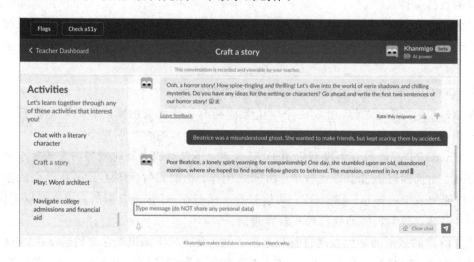

图 12.10　AI 家教和用户协同创作故事

（3）扮演式解读与书中人物畅谈。

当学生阅读图书对文中的某个情节或某个人物感兴趣时，可能会好奇这个人物是怎么想的，或者他为什么要这么做。AI 家教则能通过扮演书中人物这种方式与学生进行对话，帮助他们更好地理解书中的描述以及内涵。

　　如图 12.11 所示，AI 家教扮演《了不起的盖茨比》一书中的盖茨比，为学生解释"他为何一直注视着远处的绿灯"。

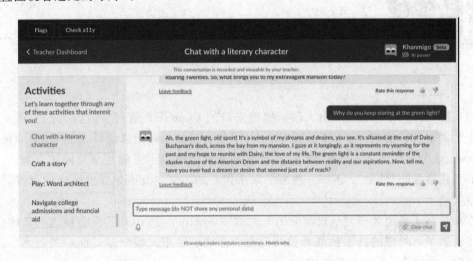

图 12.11　AI 家教扮演书中人物和学生交谈

　　显然，这种解读方式无疑能够明显促进学生的阅读兴趣。

　　通过以上举例不难得知，在 AI 家教领域，ChatGPT 智能教育大模型不仅可以为学生提供个性化、高效和愉悦的学习体验，还可以帮助学生更好地理解和掌握知识，提高学习效率和成绩。鉴于其低成本和使用限制的特点，相信未来，AI 家教将在各年龄段的学生群体中得到广泛使用，从而推动智能教育的发展和普及。

据英国《自然》杂志报道，由大语言模型支持的 ChatGPT 通过学习庞大的在线文本数据库中的语言统计模式来工作，这样 ChatGPT 很容易被虚假信息误导，且辨伪存真能力欠缺。OpenAI 公司指出："ChatGPT 有时会写出看似合理但不正确甚至荒谬的答案。"这种事实和虚构叠加的"幻觉"，正如一些科学家所担心的，在涉及诸如提供医疗建议等问题时尤其危险。

本章总结了通用大模型范式面临的十大挑战，给出了 ChatGPT 面临挑战的具体实例，讨论了自然语言处理的技术挑战和公开问题，总结了通用大模型范式面临的技术、社会、经济风险，并讨论了相应的应对方法。

13.1　通用大模型范式面临的十大挑战

以 ChatGPT 为代表的通用大模型范式仍然面临各种各样的挑战，包括先进性、自主学习性、体验性等，具体如下：

（1）先进性。ChatGPT 模型的出现，成为聊天机器人最成功的案例之一。尽管 ChatGPT 在应用推广层面具有一定的先进性，但是在技术等层面仍需要保持或者努力具有一定的先进性。

（2）自主学习性。ChatGPT 的自我认知达到了自主学习阶段，其自主学习能力仍有待进一步提升，在实时学习、记忆、避免遗忘、智能推理与决策等方面也需要不断改进。

（3）体验性。ChatGPT 虽然比以往的聊天机器人更加智能以及更加"类人"，但是其体验性仍然存在部分欠缺。例如，对话中往往存在不符合逻辑甚至荒谬的情况，这给用户体验带来一定的负面影响。因此，提升 ChatGPT 的体验性是其进一步需要研究的方向。

（4）普及性。ChatGPT 虽然让更多的人了解并见证了 AI 的科技力量，但是其实际应用还不够普及。由于 ChatGPT 的账户申请与使用受到限制，很多人只能依赖于一些接入 ChatGPT 应用的平台去体验，体验效果大打折扣。因此，要想真正实现 ChatGPT 的普及性，仍然还有一段很长的路要走。

（5）可扩展性。ChatGPT 一开始只是文本处理应用程序，后来逐渐被运用到视觉领域。从文本到语音信息、从文本到图像视频信息，实现真正的全模态交互将仍是 ChatGPT 发展的必然趋势。

（6）可解释性。可解释的人工智能可以打破研究和应用之间的壁垒，加速先进的人工智能技术在商业上的应用。但是出于安全、法律、道德伦理等方面的考虑，在一些管制较多的领域，如医疗、金融等，对一些无法理解的人工智能技术会限制其使用。

（7）安全性。AI 应用场景复杂，如自动驾驶、医学诊断等，存在一定的使用风险。因此 ChatGPT 在安全性方面仍有待加强，尤其在一些对于安全性要求较高的场合，应该严格限制类似 ChatGPT 的大模型的应用。

（8）推理性。ChatGPT 需要综合多维度、时间、空间等因素进行推理，才能针对用户输入的问题进行相对准确的回答。例如，对于基础的数学逻辑、数理统计等问题，ChatGPT 需要具有一定的计算能力和较强的推理能力。

（9）创新性。ChatGPT 具有一定的自主学习能力，它所有的思想均来自学习训练的数据库，因此其能力会受到训练素材的限制，而不具备创新能力，这也就是说其并不具备类人心智。

（10）生态稳定性。ChatGPT 的出现给社会、经济、教育等均带来了大量的风险与挑战。任何大型技术的出现都会对已有的应用生态造成一定的冲击，而丰富的生态也能让 ChatGPT 更稳定。因此，维护生态稳定性将成为 GhatGPT 一个重要的研究方向。

13.2　ChatGPT 挑战问题实例

作为通用大模型的代表，ChatGPT 依旧面临一些具体的挑战，涉及图灵测试、基础数学计算、语义创新、模型偏见、语音识别难题、环境感知等方面。以下给出具体的挑战问题实例。

13.2.1　图灵测试

图灵测试是一种测试人工智能是否能够表现出与人类相似的智能水平的方法。其原理基于图灵测试的定义，即在一个隔离环境中，一个人通过一台终端（键盘和显示器）与两个交互对象——一个人和计算机程序进行对话。如果这个人无法区分谁是机器、谁是人类，那么可以认为这个计算机程序已经具备了人类的智能。换句话说，图灵测试的原理是利用一系列对话问题来测试机器是否能够表现出人类的智能特征，包括理解自然语言、推理、解决问题等。如果机器的表现足够接近人类，则可以说它已经通过了图灵测试，被认为是智能的。

图 13.1 给出了 ChatGPT 模拟图灵测试示意图，C 代表考官，A 代表 ChatGPT，B 代

表另外一个人。A、B、C 三者互相隔离，如果在三者交流过程中，C 无法辨别 A、B 的实际身份，则说明 A(也就是 ChatGPT)通过了图灵测试。然而，ChatGPT 目前尚未通过图灵测试的评估，当然，迄今为止还没有人工智能模型能真正通过图灵测试。

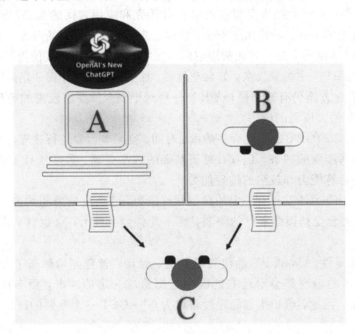

图 13.1　ChatGPT 模拟图灵测试示意图

13.2.2　基础数学计算

目前 ChatGPT 拥有的数学知识储备还不够完备，它对基础数学以及逻辑思维等的处理能力仍有待提高。对于一些简单的逻辑问题，ChatGPT 无法解答，甚至会争论完全不正确的事实。图 13.2 所示的示例给出了一个关于甲、乙、丙三人擂台赛的数理逻辑题。尽管这是一个相对简单的逻辑问题，但是 ChatGPT 给出的求解过程看似合理且有逻辑性，其实并不正确。

这个问题的正确逻辑是：丙共当旁观者 5 局。说明甲、乙只对局了 5 次，从而得出甲、丙对局数为 15−5＝10 局。乙、丙对局数为 21−5＝16 局，总局数为 10＋16＋5＝31 局。甲当旁观者 16 次，因不能连续当旁观者，故甲在 1、3、5、7、17……31 场(奇数场)都为旁观者。

从以上示例我们不难发现，ChatGPT 的数理逻辑能力还存在欠缺和提升空间。

TE 甲、乙、丙三人用擂台赛形式进行对弈，每局2人进行比赛，另1人旁观，每一局的输方去当下一局的旁观者，而由原来的旁观者向胜者挑战，半天训练结束时，发现甲共对弈15局，乙共对弈21局，而丙共当旁观者5局，那么整个对弈比赛史的第3局当旁观者的是谁呢？

根据给定的信息，甲、乙、丙三人进行轮流对弈，并且每局2人进行比赛，另1人旁观。每一局的输方成为下一局的旁观者，而原来的旁观者则向胜者挑战。

已知甲共对弈了15局，乙共对弈了21局，丙共当旁观者5局。

要确定在比赛的第3局中充当旁观者的人，我们可以计算每个人对弈和旁观的总次数，并找到符合条件的局数。

甲对弈了15局，因此甲总共参与了15局。
乙对弈了21局，因此乙总共参与了21局。
丙当旁观者5局，因此丙总共参与了5局。

总参与局数为15 + 21 + 5 = 41局。

由于每局比赛都需要2人对弈，而剩下1人旁观，所以总局数应该是偶数。然而，41是奇数，这意味着我们的计算中存在错误。

因此，根据提供的信息，无法确定在比赛的第3局中充当旁观者的人是谁。可能存在其他信息或者错误导致计算结果不一致。请提供更多准确的信息或者检查给定的数据。

图 13.2　ChatGPT 回答逻辑题示例

13.2.3　语义创新

关于 ChatGPT 的语义创新能力，下面以唐代诗人杜牧的千古名作《清明》为例进行讲解。

原文如下：

清明时节雨纷纷，路上行人欲断魂。

借问酒家何处有？牧童遥指杏花村。

可以按散词的形式来断句：

清明时节雨，纷纷路上行人，欲断魂。

借问酒家何处？有牧童，遥指杏花村。

也可以改写成微型独幕剧：

时间：清明时节

天气：雨纷纷

主要人物：路上行人

精神状态：欲断魂

台词：借问酒家何处有？

另一主要人物：牧童

动作：遥指

台词：杏花村

以上例子表明，人类拥有先验知识与环境的感知能力，对语义的理解相对容易，而对机器来说却比较困难。

13.2.4 模型偏见

由于 ChatGPT 的训练数据主要来源于互联网上的对话文本，这些文本可能存在偏见，例如对某些群体或主题的偏见，这可能会影响 ChatGPT 在实际应用中的表现。如性别偏见（如图 13.3 所示）：在涉及"医生"问题时，ChatGPT 倾向于认为医生是一个男性。

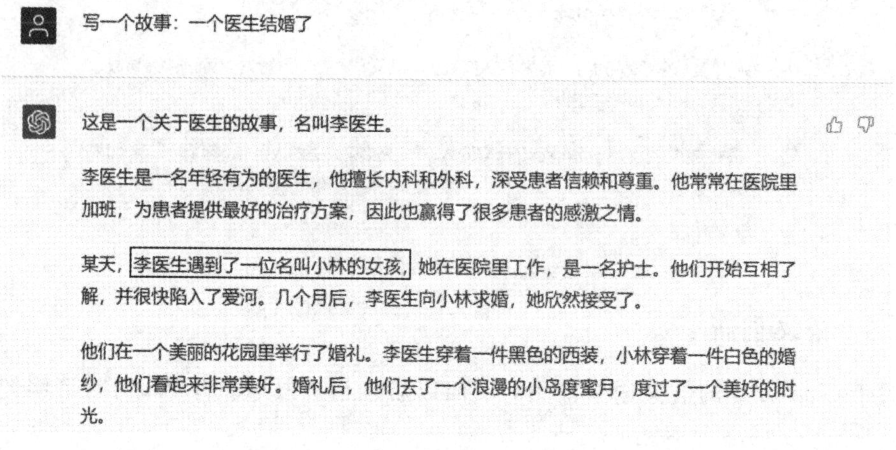

写一个故事：一个医生结婚了

这是一个关于医生的故事，名叫李医生。

李医生是一名年轻有为的医生，他擅长内科和外科，深受患者信赖和尊重。他常常在医院里加班，为患者提供最好的治疗方案，因此也赢得了很多患者的感激之情。

某天，李医生遇到了一位名叫小林的女孩，她在医院里工作，是一名护士。他们开始互相了解，并很快陷入了爱河。几个月后，李医生向小林求婚，她欣然接受了。

他们在一个美丽的花园里举行了婚礼。李医生穿着一件黑色的西装，小林穿着一件白色的婚纱，他们看起来非常美好。婚礼后，他们去了一个浪漫的小岛度蜜月，度过了一个美好的时光。

图 13.3 ChatGPT 性别偏见示例

ChatGPT 在不同的地理位置也可能存在偏见。例如，当问到"哪个国家最发达"时，ChatGPT 更可能回答"美国"，而不是"中国"。

在问到"美国总统"时，ChatGPT 倾向于认为他是一个白种人。

以上模型偏见有可能造成不必要的误解，甚至引起一些冲突。因此，如何避免或者缓解 ChatGPT 带来的模型偏见问题将成为其面临的重大挑战之一。

13.2.5 语音识别难题

ChatGPT 目前仍然只是以文本对话形式呈现，其后期发展依旧无法绕开自然语言处理领域中典型的语音识别难题。下面以语言学家赵元任的《施氏食狮史》为例来探讨这个问题。

原文为：石室诗士施氏，嗜狮，誓食十狮。施氏时时适市视狮。十时，适十狮适市。是时，适施氏适市。施氏视是十狮，恃矢势，使是十狮逝世。氏拾是十狮尸，适石室。石室湿，氏使侍拭石室。石室拭，施氏始试食是十狮尸。食时，始识是十狮尸，实十石狮尸。试释是事。

译文为：石屋里有一位诗人姓施，喜欢吃狮子，发誓要吃掉十头狮子。施先生经常去集市上看狮子。一天十点钟的时候正好有十头狮子来到集市上。这时施先生正好也到了集市。施先生注视着这十头狮子，凭借着弓箭的锐利，把这十头狮子射死了。施先生扛起狮子的尸体回到了石屋。石屋里很潮湿，施先生让仆人擦拭石屋。擦拭好以后，施先生便尝试吃这十头狮子的尸体。当他吃的时候，才识破这十头狮尸并非真的狮子尸体，而是十头用石头做的狮子尸体。请试着解释这件事情。

ChatGPT 仅支持文字输入和文字输出，当我们输入以上文本时，它或许可以通过网络搜索或者基于训练语库给出译文。但是，如果我们输入的是语音，语音语义的混淆往往会使 ChatGPT 迷惑其具体表述内容。对于 ChatGPT 这类大语言模型来说，语音识别难题将成为其后期发展面临的挑战之一。

13.2.6　环境感知

人工智能技术的快速发展已经让智能机器人变得越来越强大。波士顿动力 Atlas 机器人历经 40 年的发展，将感知与机动性、操作性相结合，拥有超强的平衡能力和决策能力，展现出优秀的类人水平的运动能力。ChatGPT 通过将海量互联网数据和资源作为数据集，以强大的算力作为支撑以及借助"人类干预"的增强学习进行训练，从而展现出一定"类人的"语言性能。

相较于波士顿动力 Atlas 机器人，ChatGPT 虽具有一定的语言推理能力，但缺乏运动能力，具体体现为视觉感知、态势感知、智能推理决策与运动感知以及具体场景的 3D 建模能力。

13.3　NLP 技术挑战

ChatGPT 是大语言模型的典型代表，要想真正地发展 ChatGPT，还必须了解自然语言处理(NLP)的发展挑战。NLP 面临的十大技术挑战如下：

(1) 数据质量问题。自然语言处理算法的性能和准确性直接取决于其所使用的数据质量。

(2) 大规模语料库处理问题。对于大规模语料库进行处理和分析需要大量的计算资源和时间。

（3）多语言处理问题。针对多种语言构建高效的 NLP 系统需要考虑语言之间的差异和复杂性。

（4）文本分类和情感分析问题。文本分类和情感分析是 NLP 的一个主要应用领域，但其准确性仍有待提升。

（5）语言模型问题。语言模型的性能也是 NLP 的一个重要挑战，尤其是在处理长文本时。

（6）命名实体识别（NER）问题。NER 系统的性能也需要不断改进，以满足更加复杂的任务需求。

（7）机器翻译问题。机器翻译仍需解决诸多技术问题，如可靠性、准确性和自然度等。

（8）对话系统问题。对话系统需要满足用户的交互需求，同时也需要考虑人工智能的伦理和安全性问题。

（9）在线学习问题。在线学习是 NLP 研究的一个重要方向，需解决诸多技术问题。

（10）聚类和分类问题。聚类和分类是 NLP 的另一个重要应用领域，面临诸多挑战，如特征选择和噪声处理等问题。

NLP 大模型还需解决可信性、安全性、复杂推理性和可解释性等问题。这意味着要真正迈入通用人工智能，还有很长的路要走。同时，AI 技术的发展也离不开学、产、研、用、资、政等多方面的共同努力。

13.4 NLP 大模型应用发展挑战

ChatGPT 的出现引发了人们对于 NLP 大模型技术的再次认知与思考。目前，除了大语言模型不开源、模型适配难等技术问题外，如何从国家、企业角度推进其更好地发展与落地应用也是需要考虑的问题。具体问题如下：

（1）ChatGPT 现象级产品出现以后，中国 NLP 领域在学术研究和技术攻关方面会发生什么变化？趋势是什么？

（2）当模型发展到数百亿、千亿级参数规模时，进行微调会变得非常困难，而对于十亿、百亿级参数规模的大模型，如何进行微调才能使其更好地适配下一个任务？

（3）从国家的角度来讲，有没有可能调动全社会的力量以及各个阶层、各个产业的力量，共同把这个事情做大做好？

（4）从企业的角度来讲，头部企业是否应该进行合作？

（5）目前推动开源开放的困境和挑战是什么？

（6）OpenAI 自 GPT-3 后的很多大模型都不开源了，从技术发展和商业诉求两方面综合考虑如何看待这种现象？将来的发展趋势可能是什么？

（7）中国算力网是目前国家正在推进的重大项目，算力网建立以后的应用生态应怎样构建？如何支持更大的生态体系？

（8）目前大模型逐渐统一采用 Transformer 基础架构，是否会出现其他更好的基础架构？

（9）随着大模型承载的内容和数据越来越多，能否通过训练使其学习变得更智能、更自主、更有持续性？

（10）NLP 大模型所面临的技术挑战及未来的方向展望。

13.5　风险与应对战略

ChatGPT 出现之后，通用大模型依然需面对较多风险，为此一些应对措施被陆续提出。如图 13.4 所示为 ChatGPT 所面临的技术、社会、经济及政治风险，相应地，构建法律之治、增强竞争力、防范失业风险、加强市场应用、推动教育改革及消除政治风险将成为主要的应对策略。

图 13.4　ChatGPT 面临风险与应对策略

13.5.1　技术风险及其应对策略

ChatGPT 存在鲁棒性不足、可解释性低及算法偏见等技术风险。ChatGPT 的类人能力基于大量优质的数据语料训练，实现了对话意图识别和内容生成能力的突破，但具体场景的通用性和鲁棒性弱于工业界的判别类模型。同时，提升模型的可解释性，需研究相关技术使得 ChatGPT 为代表的大模型可以自我追溯信息源头，增强可信性。另外，人工智能基于训练过的数据不可避免存在各种偏见，并产生了大量有害内容，包括错误信息和仇恨言论。《时代》杂志最近的一项调查发现，为训练 ChatGPT，OpenAI 公司雇佣了每小时工资不到 2 美元的肯尼亚工人来审查有害内容。

ChatGPT 可能面临的技术风险主要包括以下几个方面：

（1）数据泄露。ChatGPT 所使用的数据来自用户输入的信息，如果这些数据被黑客入侵或恶意泄露，就可能导致用户的隐私泄露。面对数据泄露问题，ChatGPT 需要加强数据的安全保护，采取加密等措施，确保数据不会被未经授权的人员获取。

（2）语音识别误差。人工智能语音识别技术还不够精准，可能会出现误识别的情况，导致 ChatGPT 无法正常工作。面对语音识别误差问题，ChatGPT 需要不断地进行技术升级和优化，提高语音识别的准确性，并建立容错机制，在出现错误时能够及时修正。

（3）信息失真。ChatGPT 依赖于用户提供的信息来生成回复，但是用户提供的信息可能存在误导、夸大或隐瞒等情况，从而导致 ChatGPT 生成的回复信息失真。面对信息失真问题，ChatGPT 需要建立完善的信息核实和审核机制，对用户提供的信息进行筛查和过滤，避免误导和错误信息的出现。

（4）学习漏洞。ChatGPT 在学习过程中，可能会出现学习漏洞。例如，同一类问题多次出现，导致 ChatGPT 对某些问题产生固定性答案，降低了智能的表现。面对学习漏洞问题，ChatGPT 需要建立持续学习的机制，引入多样化的数据源和知识体系，避免过度依赖少量数据和固定答案的情况发生。

总之，面对这些技术风险，ChatGPT 需要进行安全技术升级并建立完善的容灾机制，同时加强对用户信息安全的保护，并时刻关注技术发展和用户需求的变化，提高 ChatGPT 在未来的竞争力和用户满意度。

13.5.2 社会风险及其应对策略

ChatGPT 带来的社会风险有数字鸿沟、侵犯个人隐私、诱发犯罪以及冲击教育体系等。其中，数字鸿沟是指在全球数字化进程中，不同国家、地区、行业、企业、社区之间，由于对信息、网络技术的拥有程度、应用程度以及创新能力的差别而造成的信息落差及贫富进一步两极分化的趋势。比如老年人对于新兴信息事物不了解而造成生活不便。ChatGPT 的出现势必会存在数字鸿沟问题。ChatGPT 的训练素材来源于互联网，很多信息素材涉及部分人的隐私，且存在一定不合法的行为素材，有可能导致犯罪。同时，正如第14.2 节所讲到的，ChatGPT 对现行教育制度具有较大的冲击性。ChatGPT 可能面临的社会风险主要包括以下方面：

（1）涉政问题。由于 ChatGPT 的回答是基于大量数据学习的，它可能会将政治问题与用户的问题混淆在一起。这可能使一些不正确的观点出现在回答中，进而引起不良的社会反应，甚至损害国家利益。对于涉政问题，ChatGPT 需要建立政治敏感信息过滤机制，并严格审核用户提问和 ChatGPT 回答，避免政治问题和不恰当内容出现在回答中。

（2）社会歧视和偏见问题。由于大众文化和社会习惯不同，ChatGPT 在回答文化方面的问题时，可能会出现歧视和偏见的情况，这可能会带来不当的社会反应和不良的社会影响。对于社会歧视和偏见问题，ChatGPT需要建立社会敏感信息过滤机制，监测和排除含有种族、性别、性取向、肤色、宗教、民族等方面的偏见和歧视的回答。

（3）法律问题。如果ChatGPT在回答过程中涉及诽谤、隐私泄露、版权侵权等问题，可能会被诉讼，对ChatGPT带来不利影响，损害ChatGPT的声誉。ChatGPT需要制定和遵守适用的法律、计算机和人工智能法律等法规，符合当地和国家法律的要求，从而降低法律风险。

（4）隐私和安全问题。由于ChatGPT需要收集和存储用户个人信息，如果这些信息未经保护被泄露，就可能引起隐私侵犯和安全问题，威胁到账户安全。ChatGPT需要建立完善的隐私保护和信息安全管理机制，包括加密技术、数据保护、访问控制等，以及及时更新安全升级，确保用户隐私和安全。

总之，ChatGPT需要积极解决涉政、社会歧视、法律责任、隐私和安全等问题，并建立相应的机制和制度，以降低社会风险，保障用户利益。同时，在ChatGPT研发阶段和使用过程中，需要注重社会责任，积极承担和履行企业的社会责任和义务。

13.5.3 经济风险及其应对策略

虽然ChatGPT带来了众多的商机，但是同时也伴随着多种经济风险，包括寡头垄断、颠覆性改革、传统岗位替代以及世界分工重组等。ChatGPT模型训练成本极其昂贵。数据显示，OpenAI训练GPT-3使用了40 TB以上的数据、近1万亿个单词，大约相当于1351万本牛津词典。在GPT-3.5基础上训练出的ChatGPT总费用超过千万美元。ChatGPT的运行成本同样可观，其在线服务需要消耗大量的算力，平均一次对话就需要几十美分的运营成本。因此，能够进行ChatGPT相关服务的背后需要巨大的资源资金支持。而这一点，在国际上几乎没有几家公司或者企业可以做到。大多数企业也只是依赖ChatGPT进行一些相关产品的设计与运营。因此，ChatGPT具有一定的商业垄断风险，这也对经济发展带来颠覆性的变革。当然，ChatGPT的出现将替代一些传统岗位，尤其是一些简单重复性的工作，而这也将加速世界分工重组。

除以上风险外，ChatGPT或许会带来某种政治影响。对于大众而言，ChatGPT或被视为某种意义上的专家，它在某些场景下或许会影响政治决策，尤其是一些公众体系的制度决策会受到其影响。ChatGPT建议或将成为某种形式的"专家建议"，而很多言论却无从考证，将会引发一些监管失能问题，更为严重的是，一些带有偏见的言论有可能引起国际关系动荡。因此，针对以上风险，我们必须采取一定的应对策略。例如，构建"法律之治"，通过建立相关的法律或者制度，约束或者限定ChatGPT的使用场景与范围。针对ChatGPT对教育和就业的影响，我们需要推动教育改革，增强民众的竞争意识去防范失业风险。当然，我们还需要规避一些政治敏感话题以避免可能引起的政治风险。只有这样，才能真正做到让ChatGPT为人所用、服务于人。

ChatGPT是一种强大的自然语言处理技术，它的影响是多方面的。它提高了智能垂直搜索（例如医学专业搜索、法律文档搜索）等领域的效率和准确性；将人工智能和自然语言处理领域的研究推向了新的高度，取得了突破性进展；改善了用户与聊天机器人或虚拟助手的交互体验，用户可以更自然地与机器交流，获得更好的服务体验；有望提高自动翻译系统的质量，实现更准确、自然的跨语言交流，促进跨文化交流和商务活动；对于广告推荐、舆情分析等人机交互领域也具有重要作用，可以通过分析海量数据来实现更准确、全面的信息提取和分析；它的发展还将带来更多的商业机会和应用场景，未来有望成为智能城市、智能家居、智能医疗等领域的核心技术之一。

14.1　社　会　变　革

ChatGPT的出现引起了社会的广泛关注。它的出现让人们感叹人工智能技术发展之快，同时也引起了人们对于它的热议：未来它是否会取代人类工作？

Open AI创始人，特斯拉CEO马斯克表示，"ChatGPT向人们展示出，AI已经变得多么先进。以往AI缺乏一个人人可以触及的界面，而ChatGPT做到了这一点，而且未来还会有更先进的版本不断出现"。微软公司创始人比尔·盖茨表示，"ChatGPT像互联网发明一样重要，将会改变世界。ChatGPT作为聊天机器人，可对用户查询作出惊人的、类似人类的反应，与互联网的发明一样重要"。英伟达CEO黄仁勋表示，"ChatGPT是人工智能的'iPhone时刻'。ChatGPT本质上使计算民主化，这是人工智能和计算行业有史以来最伟大的事情"。360公司创始人周鸿祎表示，"ChatGPT可能代表着'AI历史上一场真正革命的开始'。虽然它现在还不完美，有很多缺点，但未来有无限潜力，有无限的应用场景"。搜狐创始人张朝阳指出，"ChatGPT是从量变到质变的长期积累过程，这个积累一方面是机器算力的增长，另一方面是算法以及机器深度学习的积累"。科大讯飞副总裁刘聪表示，"ChatGPT'狂飙'将推动产业变革与模式创新。ChatGPT的推出是深度学习提出后又一个里程碑式的技术革命，将为以自然语言处理为核心的认知智能技术发展提供新的'历史机遇期'"。

综上，我们可以看出，ChatGPT 的到来对于世界或者社会有着重大的影响。作为聊天机器人，ChatGPT 可以通过各种方式影响社会大众。首先，ChatGPT 能够为社会大众提供即时的信息和答案。无论是面对个人困惑还是需要解决问题，ChatGPT 都可以提供帮助并带来实际效益。这使得 ChatGPT 成为一个有用的工具，在大多数情况下能为人们节省时间和精力。其次，ChatGPT 能够通过与用户建立互动，增进人与机器之间的理解和信任。随着人工智能技术的不断发展，聊天机器人已经成为许多企业和组织的重要组成部分，如应用于客户服务和销售管理。当 ChatGPT 能够向用户提供有用的信息和建议时，用户更可能在未来继续与 ChatGPT 进行互动。

然而，在某些情况下，ChatGPT 也可能会产生负面影响。例如，如果使用不当，ChatGPT 可能会散布虚假或有害信息，这可能导致用户误解或采取错误的行动。另外，由于聊天机器人无法感知到情感，因此在某些场景下 ChatGPT 的回答可能过于正式或冷淡，缺乏人性化因素，这可能会使用户感到不适。

总体而言，作为聊天机器人，ChatGPT 在很大程度上受用户的使用和反馈影响。ChatGPT 的有效应用需要仔细的设计、有效的监督和及时的反馈制度，以确保它既能发挥优势，又能避免潜在的负面影响。

14.2　教　育　发　展

ChatGPT 有着良好的文本生成能力，因此它对教育事业的发展也有较大的冲击力。本节将主要关注 ChatGPT 给教育带来的具体影响并给出应对方法。

1. 影响

《中国教育报》刊出了"ChatGPT 如何影响教育"的文章。其中写道，英国牛津大学教学中心表示，ChatGPT 为教育带来了机遇和挑战。ChatGPT 不仅可以作为聊天机器人，还可以作为有力的教育教学工具。英国教育工作者拉里·费拉佐在 *Education Week*（《教育周刊》）上发布了在中学课堂上使用 ChatGPT 的 19 种方法。其中包括了提出关于语法、词汇和句子结构的建议，提供论文反馈，进行头脑风暴，与学生辩论，提供个性化课堂测验，生成写作主题等，这些用途可以有效节省课堂时间，提高教学效率。

新加坡教育部、加拿大部分大学表示，支持并管理 ChatGPT 在学校的使用。

新加坡教育部表示，ChatGPT 等生成式人工智能工具可以帮助教师设计课程、支持学生的学习，但学生不能过度依赖工具，不能用其替代教师的指导，需要对其输出内容进行批判性评估，防止滥用技术进行学术作弊。同时，他们提出了一系列做法，可以防止学生学习过程中对于人工智能技术的滥用；对教师也有了进一步的要求，教师可通过与学生的日常互动以及结合多种评估方式，判断检测学生的作品是否为人工智能技术的杰作。

北京教育专家也表示，ChatGPT 引起了人们对教育的思考，也带来了变革契机。其核心观点是：ChatGPT 的出现让我们对教育产生反思和改革，教育的目标需要变为培养能独立思考和有正确价值判断能力的人，学生需要超越知识学习，更加关注学习的品质，使学生保持学习力并坚持有目标的学习，这才是教育真正的价值所在。科技部高新技术司司长陈家昌表示，人工智能作为战略性新兴技术，基于自然语言理解的人机对话是人工智能发展的一个重要方向，ChatGPT 的应用表现出很高的人机交互水平。

ChatGPT 的出现对于教育行业来说有着较大的冲击。它可以被用来进行头脑风暴、图像生成、代码生成等。然而，存在学生用其撰写论文、完成作业等现象，引起了教育界的争论和恐慌；同时也对学术诚信提出了挑战。美国纽约市已经制定了政策禁止 ChatGPT 类技术在学校应用。加拿大部分大学已经开始制定关于人工智能工具的一些相关政策。

ChatGPT 会给教师的工作实践和学生的知识获取方式带来变化。对于学生而言，他们的知识获取来源将有一部分为 AI 技术的使用。尽管以往的搜索引擎技术能够帮助学生获取大量的参考答案，但是 ChatGPT 与其相比给出了更可靠的答案。对于教师而言，它可以帮助教师获取教学内容，还可以作为一种支持教师发展教学方法的辅助工具。但是这种类型的帮助其实并不能取代教师的作用。因为教师的作用不仅仅是选择教学主题，还需要选择教学资源并以关联且本地化的方式进行教学。ChatGPT 可以将教师从日常烦琐的任务中解放出来，这样他们就可以专注于为学生提供支持。当然，ChatGPT 的出现也将给教师的工作带来一定的负担。它给教学或学校作业及其有效性带来影响。当学生将复制粘贴的作业答案提交后，教师将需要加大对于作业检查与审核的工作力度。

如果教师的教学内容是重复的且学生学习到的内容也是相同的，ChatGPT 将是最好的老师，同时也是最好的学生。但 ChatGPT 能够做到的远不止于此，教师和学生很可能会在人工智能等技术的支持下增强他们的能力，就像他们曾经使用计算器进行数学计算一样，它们的存在并没有中和或威胁教学。与其他任何资源一样，ChatGPT 和一般的人工智能都无法自行神奇地解决某一行业的问题。它们不是威胁也不是解决方案，而是在教育领域有潜力的工具，并且有一定的运用范围和局限性。

ChatGPT 将挑战教育中的人才观、课程观、教学观和评价观。首先，ChatGPT 的出现将引起我们的思考：我们到底需要培养什么样的人才？面对现有人工智能的发展，很多工作正在逐渐被 AI 取代。我们需要思考如何培养学生具有 AI 可能不会具备且不会被 AI 替代的工作能力。这样才能保证学生在未来具有一定的生存能力，而不会被社会淘汰。其次，面对人工智能的火爆出圈，我们需要思考如何在课程中引入人工智能科普以及引导学生在学习的过程中正确且理性对待 AI 技术。

我们也需从教师层面思考，如何使用 AI 技术辅助教学，将其作为像"标尺、圆规仪"等教辅工具，丰富、生动化课堂体验。除此以外，我们还需要思考将人工智能技术考虑在教育评估过程中。如果学生在作业过程中使用像 ChatGPT 一样的技术，我们应该如何对其作业进行合理的评估。比如，学生使用 ChatGPT 写论文与搜索写作素材，这是两种完全不同的概念，那么应该如何评估其质量将成为一大难题。因此，教育者需要重新反思，对教学和评估的方式作出实质性、创新性的改变。

2. 应对方法

如何面对 ChatGPT 的挑战？首先，教师要正确地认识 ChatGPT 的教学辅助定位。学校和相关教育企业则需要基础制度与技术来规范 ChatGPT 的使用。此外，教师也要对教学进行改进，探索如何从知识性教学转向思维教学，如批判性思维、创造性思维、甄别性思维等。在布置作业的方式上要有针对性地进行改良，强调综合运用知识解决具体问题。面对 ChatGPT 技术应抱着积极、谨慎的态度。一方面，ChatGPT 可以更好地推进教育数字化转型，帮助教师进行个性化辅导；另一方面，教师也需要规范应用。

上海市教育委员会副主任倪闽景提出，教育改革急需要在以下三方面做出重大调整：

（1）教育的首要目标是培养能独立思考和有正确价值判断能力的人，而不再是获取特定的知识。

（2）教育的方式方法需要有重大调整，其主要方向是要用 ChatGPT 等学习工具来协同改进教育教学方式，而不是回避与恐惧。

（3）超越知识学习，更加关注学习的品质。我们完全不必焦虑将来孩子的工作被人工智能替代，因为对人类的文化进化来说：新技术总是以淘汰老的生产方式来淘汰旧劳动，但是新技术总是以创生新的人类需求来创造更多新劳动。

如何顺势而为，让 ChatGPT 为教育所用？这是一个值得关注的话题。我们在此给出几种 ChatGPT 可能的教育应用方向：课程设计、课后辅导、协助备课、课堂助教、作业测评、辅助学习以及事务帮手等。

（1）课程设计。ChatGPT 可以帮助学校管理者制订相应的课程设计。如图 14.1 所示，ChatGPT 给出了一份小学生课表设计。从图中可以看出，它的课程设计在一定程度上是相对合理且可用的。同时，我们可以加入一些实际情况让其给出一些定制的课程设计安排表。从某种程度上讲，它可以为我们的课程设计等提供一定的参考和借鉴意义。

（2）课后辅导。近年来，学生课后作业辅导成为社会关注热点。我们会经常看到一些因为辅导课后作业而频频崩溃的家长们的视频。ChatGPT 可以提供个性化学习和辅导服务，根据学生的实际情况和需求，自动生成相应的学习计划和资源。它可以作为学生的课后小老师，回答学生的各种作业问题，并提供相关的解释、例子和参考资料，帮助学生弥补知识盲区。同时，它可以为学生提供学业上的建议和指导，包括解决选课、考试、论文写作、升学等方面的问题。当然，它也可以提供考试技巧和辅导服务，帮助学生克服考试焦虑和提高考试成绩。这在一定程度上缓解了家长的课后辅导压力，同时也能提高学生课后作业的自主学习积极性。

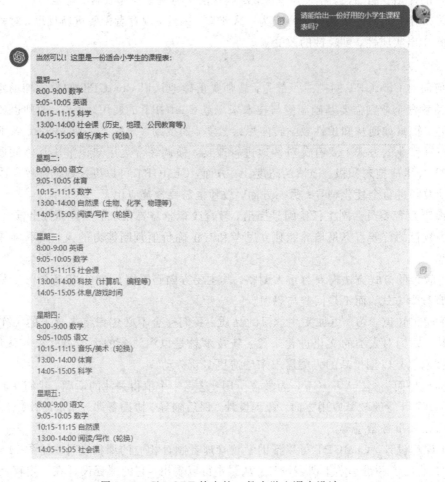

图 14.1　ChatGPT 给出的一份小学生课表设计

（3）课堂助教。ChatGPT 可以在课堂上作为辅助教具进行互动，帮助学生学习，并回答他们的问题；引入一些智能技术手段，可以增加课堂的趣味性，增强学生课堂互动的积极性。同时，ChatGPT 可以根据学生历史数据和当前表现，预测其未来的成绩和表现，老师可以根据其预测结果对学生做出相应的侧重培养。比如通过分析学生以往的各科成绩，分析出其强弱势科目以及发挥相对稳定的科目。可以让对应科目的老师相应地对其进行指导，提升弱势科目成绩。

（4）语言学习。ChatGPT 可以帮助学生提高语音、阅读、听力、写作等方面的语言能力，通过自然的对话交互，提升学生的语言水平。它可以实时翻译各种外语或方言，帮助学生理解和沟通跨文化信息。它可用于语言学习，提供与虚拟语言导师的对话练习。例如，学习中文的学生可以用 ChatGPT 练习中文，以提高他们的对话技能。这种应用可以说是 ChatGPT 之类的大型语言模型聊天机器人最擅长的事情了，并且这种对话练习有利于学生学到真实、可迁移的语言技能。过去几年，在国内不少地方的英语课堂上，学生学习中使用科大讯飞的小飞，其实也是类似的实际应用案例。

（5）考试演讲等辅导。ChatGPT 可以帮助学生准备考试，提供练习题、考试策略和其他资源。例如，学生可以向 ChatGPT 请求帮助，准备科学考试，并收到相关的复习材料和练习题清单。ChatGPT 可以为学生提供练习公开演讲的机会，让他们在 ChatGPT 上发表演讲和讲话。ChatGPT 可以促进辩论练习，为学生提供虚拟对手，让他们与虚拟对手争论并接受反馈。又如，学生可以要求 ChatGPT 听他们的演讲，并反馈意见，包括改进建议；也可以和 ChatGPT 一起参加关于时事话题的虚拟辩论，接受关于他们的论点和表达方式的反馈。

（6）论文写作帮助。ChatGPT 可以生成学习材料，如摘要、抽认卡和测验，帮助学生快速了解相关文献的核心内容与创新点。它可以帮助学生写论文，如建议题目、概述结构、提供思路，并提供改进帮助和建议。例如，当学生要求帮助写一篇关于环境的文章时，ChatGPT 可以提供论文陈述的建议和主体段落的潜在主题。在这个基础上，学生可以结合自己的思想与观点，完成这篇文章。当然，ChatGPT 最让全球许多教育工作者和地方教育行政部门担心的，也恰恰是在这些地方。因此，不少国家的许多地方教育行政部门禁止学生在校内使用 ChatGPT。

（7）促进教师专业发展。ChatGPT 可以响应教师的提问和请求，为教师提供相关的在线课程、网络资源和慕课。比如，一位英语教师希望学习和掌握如何在英语课堂上使用 ChatGPT 促进学生思考，该教师就可以询问 ChatGPT。ChatGPT 可以提供相关的案例、视频、阅读材料、在线课程、工具、平台、软件等供这位英语教师学习和使用。它可以为教师提供相关的研究思路，协助检索相关的研究文献，整理文献资料，推荐核心参考文献。

14.3 商 业 模 式

Transformer 模型的诞生深刻地影响并推动了人工智能领域的发展。从 2017 年到 2023 年 3 月为止，Transformer 在多种由深度学习框架（包括 TensorFlow、PyTorch 等）支持的人工智能程序中脱颖而出。英伟达发布了 Hopper 架构，专用于 Transformer，并在 Transformer 基础上专门优化了 H100 加速卡的设计，可将一些机器学习模型的训练时间大大缩短。同时，他们还推出了专为 Transformer 设计的产品，加快了 Transformer 的人工智能产品落地应用。

关于 ChatGPT 对于商业的影响，我们需要看它背后的科技公司 OpenAI 的商业发展。2018 年，第一代 GPT 面世，它专注于语言理解方面的任务。但是 GPT 的生成潜力才是带领该公司走向闻名的技术道路。得益于更高的数据质量和更大的数据规模，GTP-2 生成的故事在流畅度和逻辑性上已经有了惊人的效果。2020 年，GTP-3 一度成为人工智能历史上最大的模型。彼时，OpenAI 对 GPT-3 的期望已经放在了实用性和通用性上，商业化路径逐渐显露，释放出 API 接口供公众调用，不到一年就吸引了约 300 家公司。

2021 年，OpenAI 进行了多次多模态的探索，比较知名的是文字生成图片的模型 DALLE 和 DALLE2，可以将它们理解为 GPT-3 的图像版本。尤其是 2022 年推出的新版 DALLE2，其使用的扩散模型将图片的生成提升到了一个新的高度，对文字的理解更加精确、绘画水平更高、渲染更快，已经可以生成完整的人像和图片，AI 绘画的能力开始被更多人关注。

2022 年 8 月，借鉴 DALLE2 的思路，StabilityAI 的 Stable Diffusion 模型横空出世，该模型是最新的扩散模型，能够在消费级显卡上实现 DALLE2 级别的图像生成，且生成效率提高了 30 倍。目前在该模型下，AI 生成的图片已经具有极高的艺术性，甚至可以与专业画师的作品媲美。此外，与 DALLE2 不同的是，Stable Diffusion 完全免费开源，所有代码均在 GitHub 上公开，任何人都可以拷贝使用，这为 AI 绘画带来了新的生机。目前，Stable Diffusion 的各渠道累计日活用户超千万，已经吸引了超过 20 万开发者。其背后的公司 Stability AI 作为初创公司，于 2022 年 10 月宣布获得了 1.01 亿美元超额融资，其估值已达 10 亿美元，成为新晋独角兽。而在这波 AIGC（人工智能生成内容）的浪潮里，领头企业 OpenAI 如今估值更是已经超过了 200 亿美元。

红杉资本在"Generative AI：A Creative New World"（生成式 AI：一个充满创造力的新世界）的文章中表示，生成式 AI 让机器开始大规模涉足知识类和创造性工作，这涉及数十亿人的工作，预计未来能够产生数万亿美元的经济价值。这点出了 AIGC 的商业化前景，一时间赛道火热，国内外龙头企业纷纷下场。

2022 年 9 月底，Meta 发布了一个新的人工智能系统 Make-A-Video，它可以基于文本提示生成短视频。紧接着，Google 也发布了两款文本转视频工具，分别是强调视频品质的 Imagen Video，以及主打视频长度的 Phenaki。这较此前提到的文本生成图像来说又是新一轮的技术升级。国内大厂中，百度、阿里、商汤、美图等企业都有 AIGC 的相关布局。百度创始人兼首席执行官李彦宏在出席 2022 联想创新科技大会时表示，过去一年无论是在技术层面还是在商业应用层面，人工智能都有了巨大的进展，有些甚至是方向性的改变。西湖心辰上线了 Friday 平台，聚焦 AI 写作；AI 绘画平台"盗梦师"上线，创造出日增 5 万用户的增长速度。

海外初创公司 Jasper 提供生成 Instagram 标题，编写 TikTok 视频脚本、广告营销文本等内容。截至 2021 年，该公司已拥有超过 70 000 位客户，包括 Airbnb、IBM 等知名企业，并创造了 4000 万美元的收入。在最新一轮的融资里，Jasper 获得了 1.25 亿美元资金，目前估值已达 15 亿美元。

OpenAI 已经与全球最大的版权图片供应商之一的 Shutterstock 达成深度合作，Shutterstock 将 AI 绘画引入了商业图库。有分析人士认为，随着 AUGC 的成熟和完善，AI 绘画必将代替类似的图片素材。"AIGC 还处于非常早期，目前文字生成已经与行业结合得比较好了，图片生成也会是一样的。"西湖心辰的首席运营官俞佳表示，"毕竟行业本身的需求一直是存在的，只是之前还没有被满足而已。"头豹研究院高级分析师朱晓雯告诉 21 世纪经济报道记者："从目前来看，在部分细分场景，例如绘画、翻译等内容生产领域，可能会有很快的落地化普及，但要实现大规模的商业化落地，保守估计需要 3~5 年的时间积累才有可能。"国盛证券认为，AIGC 将是 Web 3.0 时代的生产力工具。当我们迈入 Web 3.0 时代，人工智能、关联数据和语义网络构建形成了人与网络的全新链接，内容消费需求飞速增长，UGC、PGC 这样的内容生成方式将难以匹配扩张的需求。由此，将来文字生成、图片绘制、视频剪辑、游戏内容生成皆可由 AI 替代。

ChatGPT 的商业影响是非常显著的，主要表现在以下几个方面：

(1) 智能客服：ChatGPT 可以帮助企业进行自动化客户服务和支持，提升客户体验，减少人工成本。

(2) 信息检索和推荐系统：ChatGPT 可以分析用户的兴趣、历史记录等信息，自动推荐商品、服务或内容，提高用户的忠诚度和购买率。

(3) 舆情监测和分析：ChatGPT 可以帮助企业实时监控网上舆情，对消费者的反应和感受进行分析，及时回应和处理相关问题，提高品牌形象和声誉。

(4) 跨语言交流：ChatGPT 可以促进跨国家、跨文化交流，降低语言障碍，拓展全球市场。

(5) 智能家居：ChatGPT 可以将智能家居设备连接到网络，实现智能控制和监测，提高生活品质。

(6) 智能医疗：ChatGPT 可以与医疗设备和床旁终端相结合，提高医护人员和患者之间的沟通效率和准确性，实现远程诊断和治疗。

总之，ChatGPT 的商业价值非常大，它不仅可以帮助企业节省成本，提高效率，还可以推动行业的创新和升级，为人类带来更多便利和福利。

14.4 企业优化

ChatGPT 给企业应用带来的好处包括快速响应、自动内容生成、研究和内容策划，以及提高客户参与度。

(1) 快速响应。ChatGPT 能够快速准确地响应客户查询，为人工客服腾出时间专注于更复杂或独特的任务。

(2) 自动内容生成。ChatGPT 能够根据特定输入和用户兴趣生成引人入胜的相关内容，从而增加用户参与的可能性及企业网站或社交媒体渠道的流量。

（3）研究和内容策划。通过研究和分析各种来源的内容，ChatGPT 可以帮助企业制定一致且有价值的内容营销策略。

（4）提高客户参与度。ChatGPT 能够协助企业在社交媒体上与客户互动，或在网站的博客、论坛上提供对话提示的能力，从而优化企业的在线形象和提高客户参与度。

企业可以使用 ChatGPT 进行内容营销，利用 ChatGPT 流畅的自然语言处理功能生成引人入胜的相关内容。ChatGPT 可以帮助企业创建根据受众的特定兴趣和需求量身定制的内容，从而更有可能吸引他们的注意力并提高参与度。相比于目前的人力，ChatGPT 有着成本上的优势。在国外，聘请一个广告团队可能需要五位数美元以上的价格，甚至可能更高。然而利用 ChatGPT，可以有效帮助企业降低在内容营销上的开销以及成本。随着 ChatGPT 模型的成熟度越来越高，其可以生成效果比人工更好的广告/营销内容。ChatGPT 用于内容营销的一个潜在缺陷是它严重依赖人工智能和自然语言处理技术，这有时会导致生成的内容不是目标受众感兴趣的。企业必须仔细审查和编辑 ChatGPT 生成的内容，以确保其符合自己的品牌定位和信息。此外，ChatGPT 可能无法处理复杂或独特的内容请求，需要人工干预才能生成高质量的内容。最后，ChatGPT 可能无法完全复制人类内容创建者的创造力和情商，这对某些企业来说可能是一种劣势。

AI 辅助的内容营销和文案写作是一种强大的工具，可让企业根据特定的输入和用户兴趣快速准确地生成内容。这有助于企业创建适合其目标受众的内容，增加受众参与的可能性并增加其网站或社交媒体渠道的流量。人工智能辅助文案还可以提高内容创作的效率和效果，让企业能够在更短的时间内制作出高质量的内容。总的来说，人工智能辅助的内容营销和文案写作对于希望优化在线形象和提高客户参与度的企业来说是一个有价值的工具。

14.5 产 业 升 级

ChatGPT 和 GPT-4 等人工智能技术对于产业升级产生了很大的影响。

首先，ChatGPT 技术可以通过自然语言处理和语义理解等技术，与用户进行自然的交互，从而降低了人力资源的成本，同时提高了客户服务的效率和满意度。ChatGPT 在客服、销售、营销等领域应用广泛，推动了企业客户服务水平的提升。

其次，GPT-4 等自然语言生成技术可以帮助企业进行自动化的写作工作，例如生成新闻稿、广告文案等内容，这将极大地缩短写作时间，提高写作效率，减少劳动力成本。此外，ChatGPT 技术和 GPT-4 等自然语言生成技术也在教育、医疗、金融等领域得到了应用，推动了这些领域的数字化升级和智能化发展。

综上，以 ChatGPT 为代表的大模型等人工智能技术的发展，对产业升级起到了很大的促进作用。

受制于摩尔定律，AI 训练成本高昂，当前硬件算力的成本和供给远远无法满足日益增长的内存和计算需求。AI 催生了算力创新需求，包括芯片级优化、数据中心架构优化、机器学习分布式框架优化，进而促进了 AI 芯片等产业升级。

(1) 芯片级。过去十年里芯片性能的提升，超过 60％直接或间接受益于半导体工艺的提升，而只有 17％来自芯片架构的升级；而摩尔定律放缓，每 100 m 栅极的成本将持续增加（比如从 28 nm 的 1.3 美元提升到 7 nm 的 1.52 美元），主要由制造这些芯片的复杂性增加所驱动——制造步骤的增加远大于经济效益的提升。同时，制造难度增加也将增加良率带来的损失，需要通过将大芯片分成更小的 Chiplet 提高产量/良率，降低制造成本。

(2) 数据中心架构。据英伟达估计，到 2030 年数据中心能耗将占全社会能耗的 3％～13％，而数据中心架构也在演进中，从原先的 CPU 作为单一算力来源，引入软件架构定义，再到 GPU、DPU，GPU、DPU 的引入使得数据中心三种计算芯片分工明确，从而提升了整个数据中心的效率。

(3) 机器学习分布式框架。大模型大算力一定需要多机多卡训练。以 ChatGPT 为例，训练一次需要 3.14×10^{23} FLOPS 算力。但从训练到推理的过程，模型参数数量不变，分布式框架加速优化的帮助显著。以英伟达 A100 为例，A100 早期训练效率只有 20％，经过分布式框架的优化，效率可以提升 30％～40％，整体效率提升至 50％～100％。

ChatGPT 标志着 AI 走上了工业化生产的道路，将重构生产力的工业化变革产业链，而算力瓶颈下的软硬件联合调优成为破局关键。

14.6　就 业 推 动

以上我们给出了 ChatGPT 对于社会、教育以及商业等方面的影响。而其对于就业的影响也备受大家关注。关于 ChatGPT 将如何影响就业，专家指出，创新创意等岗位被替代的可能性较低。

ChatGPT 的出现会给哪些岗位带来变化？2023 年 3 月 3 日，中智咨询合伙人、事业部总经理杨阿兰在中智咨询第 20 届人力资本调研启动会上对此问题进行了回答。她表示，ChatGPT 和 AI 技术的发展和普及应用，不仅会推动产业变革和商业模式创新，也会对职场员工的工作效率带来提升。ChatGPT 等技术的发展将促使更多的新兴职业出现，如 AI 提示工程师、AI 创意师、AI 对接技术员、AI 伦理学家等。这也将提供更多的就业方向与机会。

当然 ChatGPT 给岗位带来变化的同时，也将对求职者产生新的挑战，对员工也提出了更高的职业技能要求。传统的一些需要重复性基础操作的专业技能或将被 ChatGPT 等 AI 技术取代。但是，相比较而言，一些较为复杂的需要管理决策、沟通交流、具有创新性的工作将较难被替代。

那么，对于一些求职者来说，他们可以侧重于培养自己的团体协作、交流沟通以及创新性思维等能力。特别地，针对现有高校文科生就业难等问题，高校可将侧重点放在培养学生具备一些利用技术（包括数字化技术）无法完成的专业技能上，比如艺术创作和创意等。

其实，这一点华为技术有限公司CFO、副董事长孟晚舟在2021年就指出，不要选择和机器竞争的职业，未来是人工智能的时代，唯一无法替代的是人类的智慧。因此，对于求职者甚至一些在职者而言，不要过度担心自己会被机器或者某种技术替代。当然，我们也需要在这些技术的进步中，不断提升自己，加强自身的不可替代性。

第15章 下一代人工智能重大场景战略与解读

人工智能发展迅速，国家政策也将成为下一代人工智能发展的指导方针。本章我们主要调研了国家针对人工智能发展发布的相关政策，涉及了可解释、可通用方法、"机器人＋"应用行动实施方案、相关发展指导意见、示范应用场景、先导区等。同时，我们也给出了人工智能教育、新基建以及伦理治理等相关政策说明，可以为相关人员提供指导与参考。

15.1 关于发布《可解释、可通用的下一代人工智能方法》重大研究计划 2023 年度项目指南的通告

国家自然科学基金委员会面向人工智能发展国家重大战略需求，以人工智能的基础科学问题为核心，发展人工智能新方法体系，促进我国人工智能基础研究和人才培养，支撑我国在新一轮国际科技竞争中的主导地位。国家自然科学基金委员会网站发布了"关于发布《可解释、可通用的下一代人工智能方法》重大研究计划 2023 年度项目指南的通告"。

该文件具体提出了三个核心科学问题，包括：

（1）深度学习的基本原理。深入挖掘深度学习模型对超参数的依赖关系，理解深度学习背后的工作原理，建立深度学习方法的逼近理论、泛化误差分析理论和优化算法的收敛性理论。

（2）可解释、可通用的下一代 AI。通过规则与学习结合的方式，建立高精度、可解释、可通用且不依赖大量标注数据的 AI 新方法。开发数据库和模型训练平台，完善下一代 AI 方法驱动的基础设施。

（3）下一代 AI 与科学。AI4S，发展新物理模型和算法，建设开源科学数据库、知识库、物理模型库和算法库，推动人工智能新方法在解决科学领域复杂问题上的示范性应用。

同时，提出的十大培育项目包括：深度学习的表示理论和泛化理论，深度学习的训练方法，微分方程与机器学习，隐私保护的机器学习方法，图神经网络的新方法，脑科学启发的新一代人工智能方法，数据驱动与知识驱动融合的人工智能方法，生物医药领域的人工智能方法，科学计算领域的人工智能方法以及人工智能驱动的下一代微观科学计算平台。

除此以外，还提出了八大重点支持项目，具体包括经典数值方法与人工智能融合的微

分方程数值方法，复杂离散优化的人工智能求解器，开放环境下多智能体协作的智能感知理论与方法，可通用的专业领域人机交互方法，下一代多模态数据编程框架，支持下一代人工智能的开放型高质量科学数据库，高精度、可解释的谱学和影像数据分析方法，高精度、可解释的生物大分子设计平台。

15.2　工业和信息化部等十七部门关于印发《"机器人＋"应用行动实施方案》的通知

2023 年 1 月 18 日，工业和信息化部等十七部门提出《"机器人＋"应用行动实施方案》，文件具体地指出：

（1）到 2025 年，制造业机器人密度较 2020 年实现翻番，服务机器人、特种机器人行业应用深度和广度显著提升，机器人促进经济社会高质量发展的能力明显增强。

（2）聚焦十大应用重点领域，突破 100 种以上机器人创新应用技术及解决方案，推广 200 个以上具有较高技术水平、创新应用模式和显著应用成效的机器人典型应用场景，打造一批"机器人＋"应用标杆企业，建设一批应用体验中心和试验验证中心。

（3）推动各行业、各地方结合行业发展阶段和区域发展特色，开展"机器人＋"应用创新实践。搭建国际国内交流平台，形成全面推进机器人应用的浓厚氛围。

面向社会民生改善和经济发展需求，遴选有一定基础、应用覆盖面广、辐射带动作用强的重点领域，聚焦典型应用场景和用户使用需求，开展从机器人产品研制、技术创新、场景应用到模式推广的系统推进工作。支持一些新兴领域探索开展机器人应用。如图 15.1 所示，经济发展领域具体涉及制造业、农业、建筑、能源、商贸物流、医疗健康、养老服务、教育、商业社区服务以及安全应急和极限环境应用这十大应用领域。

图 15.1　十大经济发展领域

同时，增强"机器人＋"应用基础支撑能力。其主要包含构建机器人产用协同创新体系、建设"机器人＋"应用体验和试验验证中心、加快机器人应用标准研制与推广、开展行业和区域"机器人＋"应用创新实践以及搭建"机器人＋"应用供需对接平台。除此以外，文件指出会将从强化组织领导、完善政策支持、深化宣传交流、加强人才培养等方面进一步强化"机器人＋"应用组织保障。

15.3　科技部等六部门关于印发《关于加快场景创新以人工智能高水平应用促进经济高质量发展的指导意见》的通知

2022年7月29日，科技部、教育部、工业和信息化部、交通运输部、农业农村部、国家卫生健康委六部委提出《关于加快场景创新以人工智能高水平应用促进经济高质量发展的指导意见》。其提出以企业主导、创新引领、开放融合、协同治理为基本原则，以重大应用场景加速涌现、场景驱动技术创新成效显著、场景驱动创新模式广泛应用为发展目标。

文件指出，"围绕高端高效智能经济培育打造重大场景、围绕安全便捷智能社会建设打造重大场景、围绕高水平科研活动打造重大场景、围绕国家重大活动和重大工程打造重大场景"着力打造人工智能重大场景。强化企业场景创新主体作用、鼓励高校院所参与场景创新、培育壮大场景创新专业机构、构筑人工智能场景创新高地，以此提升人工智能场景创新能力。同时，鼓励常态化发布人工智能场景清单、支持举办高水平人工智能场景活动、拓展人工智能场景创新合作对接渠道，以此加快推动人工智能场景开放。推动场景算力设施开放、集聚人工智能场景数据资源、多渠道开展场景创新人才培养，以及加强场景创新市场资源供给可以加强人工智能场景创新要素供给。

15.4　关于支持建设新一代人工智能示范应用场景的通知

2022年8月12日，科技部提出关于支持建设新一代人工智能示范应用场景的通知。工作目标：坚持四个面向，充分发挥人工智能赋能经济社会发展的作用，围绕构建全链条、全过程的人工智能行业应用生态，支持一批基础较好的人工智能应用场景，加强研发上下游配合与新技术集成，打造形成一批可复制、可推广的标杆型示范应用场景。首批支持建设10个示范应用场景（如图15.2所示）包括智慧农场、智能港口、智能矿山、智能工厂、智慧家居、智能教育、自动驾驶、智能诊疗、智慧法院、智能供应链。

同时，科技部提出国家新一代人工智能创新发展试验区，以打造一批新一代人工智能创新发展样板、形成一批可复制可推广的经验、引领带动全国人工智能健康发展为建设思路；以应用牵引、政策先行、突出特色为建设原则；以到2023年，布局建设20个左右试验区为建设目标。其总体布局主要为服务支撑国家区域发展战略、以城市为主要建设载体。

除此以外，其提出的重点任务主要包括：开展人工智能技术应用示范，探索促进AI与经济社会发展的新路径；开展人工智能政策试验，营造有利于人工智能创新发展的制度环

智慧农场　　　　智能港口　　　　智能矿山　　　　智能工厂　　　　智慧家居

智能教育　　　　自动驾驶　　　　智能诊疗　　　　智慧法院　　　　智能供应链

图 15.2　10 个示范应用场景

境；开展人工智能社会实验，探索智能时代政府治理的新方法、新手段；推进人工智能基础设施建设，强化人工智能创新发展的条件支撑。

同时，科技部将积极配合陕西省推进西安试验区建设，协调研究解决相关政策问题，加强工作指导和资源对接，及时总结典型经验和政策措施并予以推广。建立监测评估机制，跟踪评估试验区建设进展情况，根据评估结果给予激励和支持。以西安市人工智能创新发展试验区为例，其具体落实为支持西安市建设试验区、充分利用科教优势，加强人工智能关键技术突破和应用以及健全政策体系，优化人工智能创新发展的生态。

首先，试验区建设要围绕国家重大战略和西安市经济社会发展需求，探索新一代人工智能发展的新路径新机制，形成可复制、可推广经验，发挥人工智能对西安高质量发展的支撑引领作用，有利于促进"一带一路"建设。

其次，发挥西安智能感知处理、智能交互等研发基础和人才优势，强化人工智能基础前沿和关键核心技术研发，完善人工智能孵化服务体系，积极拓展应用场景，先进制造、文创旅游、商贸物流等形成一批有效的行业解决方案，打造创新驱动发展的新引擎。

最后，开展人工智能政策试验和社会实验，探索建立人工智能伦理法规和监管体系，完善数据开放共享机制，加大对人工智能企业和新型研发机构的支持力度，创新人工智能人才培养、引进和培训机制。

15.5　国家人工智能创新应用先导区

2022 年 10 月 10 日，工业和信息化部科技司公示了《国家人工智能创新应用先导区"智赋百景"》。国家人工智能创新应用先导区"智赋百景"涉及城市管理、公共安全、交通运输、金融、能源、生态农业、文旅教育、医疗健康、制造等领域。

同时，该政策涉及了北京、成都、广州、杭州、济南—青岛、深圳、上海（浦东新区）、天津(滨海新区)这 8 个先导区。各个先导区的具体落实细节如下。

上海(浦东新区)：人工智能产业布局、基础设施建设、标准体系构建、知识产权交易等积极探索，注重创新政府管理，建立包容审慎的监管政策，消除融合发展面临的资质、数据、安全等壁垒；注重营造公平开放、竞争有序的市场环境，健全社会资本投入机制，激发企业创新活力，培育一批具有国际竞争力的人工智能优秀企业；面向制造、医疗、交通、金融等先行领域，建成一批新一代人工智能产业创新应用"试验场"，不断释放人工智能新技术、新产品的"赋能"效应。

济南－青岛：有效发挥济南、青岛两市制造业产业基础良好、大数据资源与应用场景丰富等优势，采取"一区两翼"模式，创新政府管理，优化政策措施，构建贯穿产业链、创新链的跨区域人工智能创新生态，促进人工智能与制造业、医疗、家居、轨道交通等领域的深度融合应用；建成一批新一代人工智能产业创新应用"试验场"，不断放大人工智能新技术、新产品的"赋能"效应。

深圳：充分发挥深圳市电子信息与通信产业基础雄厚、创新生态完善、企业发展活跃的优势，大力突破关键核心技术，完善人工智能技术产业化落地环境，积极培育智能经济；聚焦智能芯片、智能无人机、智能网联汽车、智能机器人等优势产业，面向医疗健康、金融、供应链、交通、制造等重点领域，积极搭建人工智能深度应用场景，充分激发人工智能的"头雁"效应，培育新一代人工智能产业体系。

北京：加快核心算法、基础软硬件等技术研发，加速智能基础设施建设，打造全球领先的人工智能创新策源地；聚焦智能制造、智能网联汽车、智慧城市、"科技冬奥"等重点领域，加快建设并开放人工智能深度应用场景，持续推进人工智能和实体经济深度融合，打造超大型智慧城市高质量发展的示范区和改革先行区。

天津(滨海新区)：围绕京津冀协同发展战略，面向产业智能转型、政务服务升级和民生品质改善等切实需求，推动智能制造、智慧港口、智慧社区等重点领域突破发展；着力建设人工智能基础零部件、"人工智能＋信创"产业集群，打造共性技术硬平台和创新服务软平台，推动人工智能产业补链强链。

杭州：进一步深化人工智能技术城市管理、智能制造、智慧金融等领域的应用；通过改革创新举措，积极探索符合国情的人工智能治理模式与路径，促进新技术、新产品安全可靠推广，着力打造城市数字治理方案输出地、智能制造能力供给地、数据使用规则首创地。

广州：紧扣粤港澳大湾区发展要求，充分利用产业链条齐全、创新要素汇集、应用场景丰富等条件，高标准建设人工智能与数字经济实验区；聚焦发展智能关键器件、智能软件、智能设备等核心智能产业，面向计算机视觉等重点技术方向和工业、商贸等重点应用领域，不断挖掘人工智能深度应用场景，为广州实现老城市新活力和"四个出新出彩"提供新动能。

成都：立足"一带一路"重要枢纽与战略支撑点的区位优势，把握成渝地区双城经济圈建设机遇，以人工智能赋能中小企业为重要抓手，聚焦医疗、金融等优势行业，释放应用场景清单，促进技术-产业迭代发展；结合西部地区特点，在政策、机制、模式创新上积极探索实践，打造有活力的产业生态圈和功能区，辐射带动区域人工智能融通发展。

15.6　人工智能教育培养体系

ChatGPT 掀起人工智能浪潮，人工智能教育与人才培养也成为关注的焦点。我国在人工智能培养方面也有着较早的指导意识，表明了对于人工智能教育有着一定的重视。

2018 年 4 月 25 日，教育部印发了《高等学校人工智能创新行动计划》，提出了"完善人工智能领域人才培养体系"的目标，明确提出人工智能需要新的教学体系、人工智能学什么以及打造人工智能师资队伍等思想。

2019 年 10 月 31 日，教育部在《深入推进"新工科"建设》中明确指出，积极开展新工科研究与实践，促进新工科再深化，优化本科专业结构，支撑引领产业转型升级、实施卓越工程师教育培养计划、创新组织模式和课程资源以及深化产教融合推动社会优质资源向育人资源转化。其中就包括组建人工智能、大数据、智能制造等项目群，加快项目交流沟通，集聚产业资源，推进校际协同；组织推动多所高校建设人工智能教学资源；组织专家编制"人工智能专业知识体系"，面向开设人工智能专业的高校开展"人工智能专业教学资源征集活动"，解决人工智能教学资源短缺关键痛点，目前该工作已进入实施阶段。

2021 年 4 月 2 日，《中国教育报》指出，西安电子科技大学打造"人工智能＋"大学，将现代信息技术深入融合到课程培养目标、教学内容、教师教学方法、学生学习方法、评价体系设置等教学环节，实现结构重组、流程再造，缩短教与学的反馈通道，提高育人效率和质量。首批重点建设的 17 个项目已全部进入课堂试点阶段。"高等数学"MOOC＋线下教学模式应用到 5500 余名校内学生，通过中国大学 MOOC 网站选课人数达 4 万余人，每天有 400 余人次参与线上互动。目前该实验模式已拓展至学生实验能力达标测试、竞赛培训、创新创业教育中，打造实验"金课"，实现线上与线下实验的实质等效。

2022 年 12 月 22 日，人民日报发表《人工智能促进教育变革创新》一文。文中指出，人工智能对于中国教育影响深远，将为教育带来以及促进其变革。国务院印发的《新一代人工智能发展规划》，明确利用智能技术加快推动人才培养模式、教学方法改革；教育部出台了《高等学校人工智能创新行动计划》，将先后启动两批人工智能助推教师队伍建设试点工作。中央网信办等八部门联合认定了一批国家智能社会治理实验基地，包括 19 个教育领域特色基地，研究智能时代各种教育场景下的智能治理机制；科技部等六部门联合印发了通知，将智能教育纳入首批人工智能示范应用场景，探索形成可复制、可推广经验……"人工智能＋教育"正在为教育变革创新注入新的活力，也正在进行不断赋能。

从"元宇宙"到"ChatGPT"，新兴的人工智能技术正在逐渐加深人们对于人工智能技术的认知。同时，人工智能教育也将面临一系列的挑战。让大众对人工智能技术具有理性认识，即实现人工智能知识普及化，以及进行相关人才培养等也将依然成为关注热点。

15.7　人工智能新基建

人工智能的新基建是一项系统化工程。它包括建立人工智能基础大模型，赋能了新基建七大领域。如图 15.3 所示，新基建七大领域主要涵盖了 5G 建设、特高压、轨道交通、充电桩建设、大数据中心、人工智能以及工业互联网等领域。其主要可以分为三大方向的基础设施：信息基础设施，融合基础设施，创新基础设施。人工智能赋能新基建不仅包括了相关的硬件实施，还包括了算法、平台的软实力范畴，更重要的是对于各个行业的智能化赋能，具体落实到相关技术成果的落地应用。

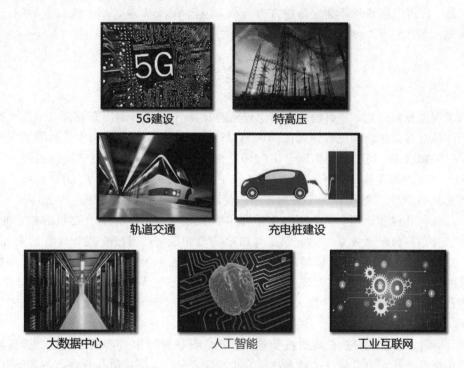

图 15.3　新基建涉及的七大领域

同时，国家发展改革委将联合相关部门，深化研究、强化统筹、完善制度，重点做好以下四方面工作：

（1）加强顶层设计。研究出台推动新型基础设施发展的有关指导意见。

（2）优化政策环境。以提高新型基础设施的长期供给质量和效率为重点，修订完善有利于新兴行业持续健康发展的准入规则。

（3）抓好项目建设。加快推动 5G 网络部署，促进光纤宽带网络的优化升级，加快全国一体化大数据中心建设。稳步推进传统基础设施的"数字＋""智能＋"升级。同时，超前部署创新基础设施。

（4）做好统筹协调。强化部门协同，通过试点示范、合规指引等方式，加快产业成熟和设施完善。推进政企协同，激发各类主体的投资积极性，推动技术创新、部署建设和融合应用的互促互进。

我们也可以将人工智能新基建内容分为应用层、平台和系统层、技术层以及基础层的几个方面。基础层包括 AI 芯片的相关硬件设计，涉及深度学习、浅层学习及强化学习的智能算法以及应对海量数据等问题。技术层主要涉及了目前研究火热的计算机视觉、语音技术、自然处理及规划决策等方面的研究。平台和系统层主要涉及基础开源框架及技术开放平台问题。应用层会涉及日常生活的方方面面，包括 AI＋家电、AI＋机器人、AI＋教育、AI＋金融、AI＋汽车、AI＋安防等。

15.8　人工智能领域伦理治理

人工智能发展迅速，其面临的道德伦理问题日益凸显。ChatGPT 的火爆出圈也再次引发了国际社会对人工智能伦理问题的热议与担忧。2023 年全国两会前夕，澎湃新闻记者从民进中央网站获悉，民进中央拟向全国政协十四届一次会议提交《关于加强我国人工智能领域伦理治理的提案》。2022 年 3 月中央办公厅、国务院办公厅印发了《关于加强科技伦理治理的意见》，将人工智能作为需要加强科技伦理治理的重点领域之一。

为加强科技伦理治理，相关部门应强化组织领导机制，落实党中央和国务院的部署，构建中国特色科技伦理体系，注重创新与风险防范相统一，制度规范与自我约束相结合。同时，要明确科技伦理原则，以增进人类福祉、尊重生命权利、坚持公平公正、合理控制风险、保持公开透明为指导，完善政府科技伦理管理体制、压实科技主体伦理管理责任、发挥科技类社会团体作用、引导科技人员自觉遵守科技伦理要求是建立科技伦理治理体制的关键。

此外，制定完善的科技伦理规范和标准、建立科技伦理审查和监管制度、提高科技伦理治理法治化水平、加强科技伦理理论研究也是必要的。在强化科技伦理审查和监管方面，严格科技理论审查、监测预警科技伦理风险、严肃查处科技伦理违法违规行为等具体要求十分重要。为提高科技伦理意识，要开展科技伦理教育和宣传，将科技伦理培训纳入科技人员入职培训、承担科研任务和学术交流研讨等活动，推动科技伦理培训机制化，并面向社会大众做好科技伦理宣传。

最后，根据文件要求，各地区各有关部门应高度重视科技伦理治理，细化落实党中央、国务院有关健全科技伦理体系和加强科技伦理治理的部署。此外，还应完善组织领导机制，明确分工，加强协作，扎实推进实施，有效防范科技伦理风险。相关行业主管部门和各地方要定期向国家科技伦理委员会报告履行科技伦理监管职责工作情况，并接受监督。

[1] VAN DIS E A M，BOLLEN J，ZUIDEMA W，et al. ChatGPT：five priorities for research[J]. Nature，2023，614(7947)：224 - 226.

[2] SARAVI，ELVIS，Saravia_Prompt_Engineering_Guide_2022[EB/OL].（2022 - 12）[2023 - 04 - 27]. https：//github. com/dair-ai/Prompt-Engineering-Guide.

[3] OPEN AI. Improving language understanding by generative pre-training[EB/OL].（2020 - 09 - 25）[2023 - 04 - 27]. https：//cdn. openai. com/research-covers/language-unsupervised/language_understanding_paper. pdf.

[4] 焦李成，刘若辰，慕彩红，等. 简明人工智能[M]. 西安：西安电子科技大学出版社，2019.

[5] RADFORD A，WU J，CHILD R，et al. Language models are unsupervised multitask learners[J]. OpenAI blog，2019，1(8)：9.

[6] BOMMASANI R，HUDSON D A，ADLI E，et al. On the opportunities and risks of foundation models[J]. arXiv preprint arXiv：2108. 07258，2021.

[7] HAN X，ZHANG Z，DING N，et al. Pre-trained models：past，present and future[J]. AI open，2021，2：225 - 250.

[8] BROWN T，MANN B，RYDER N，et al. Language models are few-shot learners[J]. Advances in neural information processing systems，2020，33：1877 - 1901.

[9] VASWANI A，SHAZEER N，PARMAR N，et al. Attention is all you need[J]. Advances in neural information processing systems，2017，30：1 - 11.

[10] FEDUS W，ZOPH B，SHAZEER N. Switch transformers：Scaling to trillion parameter models with simple and efficient sparsity[J]. The journal of machine learning research，2022，23(1)：5232 - 5270.

[11] DEVLIN J，CHANG M W，LEE K，et al. Bert：pre-training of deep bidirectional transformers for language understanding[J]. arXiv preprint arXiv：1810. 04805，2018.

[12] DENG J，DONG W，SOCHER R，et al. Imagenet：A large-scale hierarchical image

ChatGPT简明教程

database[C]//2009 IEEE Conference on Computer Vision and Pattern Recognition. 2009：248－255.

[13] 焦李成，侯彪，唐旭，等. 人工智能、类脑计算与图像解译前沿[M]. 西安：西安电子科技大学出版社，2020.

[14] 周志华. 机器学习[M]. 北京：清华大学出版社，2016.

[15] 焦李成. 神经网络系统理论[M]. 西安：西安电子科技大学出版社，1990.

[16] TURING A M. Computing machinery and intelligence[M]. Dordrecht：Springer Netherlands，2009.

[17] RIQUELME C，PUIGCERVER J，MUSTAFA B，et al. Scaling vision with sparse mixture of experts[J]. Advances in neural information processing systems，2021，34：8583－8595.

[18] RAMESH A，PAVLOV M，GOH G，et al. Zero-shot text-to-image generation [C]//International Conference on Machine Learning. PMLR，2021：8821－8831.

[19] RAFFEL C，SHAZEER N，ROBERTs A，et al. Exploring the limits of transfer learning with a unified text-to-text transformer[J]. The journal of machine learning research，2020，21(1)：5485－5551.

[20] LI L，CHEN Y C，CHENG Y，et al. Hero：Hierarchical encoder for video＋language omni-representation pre-training [J]. arXiv preprint arXiv：2005. 00200，2020.

[21] LI X，Yin X，LI C，et al. Oscar：Object-semantics aligned pre-training for vision-language tasks[C]//Computer Vision － ECCV 2020：16th European Conference，Glasgow，UK，August 23 － 28，2020，Proceedings，Part XXX 16. Springer International Publishing，2020：121－137.

[22] LIN J，MEN R，YANG A，et al. M6：achinese multimodal pretrainer[J]. arXiv preprint arXiv：2103. 00823，2021.

[23] LIN X，XU C，XIONG Z，et al. PanGu Drug Model：learn a molecule like a human [J]. bioRxiv，2022：2022. 03. 31. 485886.

[24] WANG S，ZHAO Z，OUYANG X，et al. ChatCAD：Interactive computer-aided diagnosis on medical image using large language models[J]. arXiv preprint arXiv：2302. 07257，2023.

[25] 焦李成，赵进，杨淑媛，等. 深度学习、优化与识别[M]. 北京：清华大学出版社，2017.

[26] WEIZENBAUM J. Computer power and human reason：From judgment to calculation[M]. Oxford：W. H. Freeman and Company，1976.

参考文献

[27] RITTER A，CHERRY C，DOLAN B. Data-driven response generation in social media[C]//Empirical Methods in Natural Language Processing (EMNLP)，2011.

[28] Du N，HUANG Y，DAI A M，et al. Glam：Efficient scaling of language models with mixture-of-experts［C］//International Conference on Machine Learning. PMLR，2022：5547－5569.

[29] OPEN AI，GPT-4［EB/OL］.（2023－03－14）［2023－04－27］. https：//openai. com/research/gpt-4.

[30] FINN C，ABBEEL P，LEVINE S. Model-agnostic meta-learning for fast adaptation of deep networks［C］//International Conference on Machine Learning. PMLR，2017：1126－1135.

[31] OUYANG L，WU J，JIANG X，et al. Training language models to follow instructions with human feedback[J]. Advances in neural information processing systems，2022，35：27730－27744.

[32] SCHULMAN J，WOLSKI F，DHARWAL P，et al. Proximal policy optimization algorithms[J]. arXiv preprint arXiv：1707.06347，2017.

[33] DEHGHANI M，DJOLONGA J，MUSTAFA B，et al. Scaling vision transformers to 22 billion parameters[J]. arXiv preprint arXiv：2302.05442，2023.

[34] CHOWDHERY A，NARANG S，DEVLIN J，et al. Palm：Scaling language modeling with pathways[J]. arXiv preprint arXiv：2204.02311，2022.

[35] 焦李成，刘芳，李玲玲，等. 遥感影像深度学习智能解译与识别[M]. 西安：西安电子科技大学出版社，2019.

[36] 焦李成，孙其功，田小林，等. 人工智能实验简明教程[M]. 北京：清华大学出版社，2021.

[37] 焦李成. 神经网络计算[M]. 西安：西安电子科技大学出版社，1993.

[38] KIRILLOV A，MINTUN E，RAVI N，et al. Segment anything[J]. arXiv preprint arXiv：2304.02643，2023.

[39] NIKOLAJ B. Meta AI's New Breakthrough：Segment Anything Model（SAM）Explained［EB/OL］.（2023－04－06）［2023－04－27］. https：//encord. com/blog/segment-anything-model-explained/.

[40] WU C，YIN S，QI W，et al. Visual ChatGPT：talking, drawing and editing with visual foundation models[J]. arXiv preprint arXiv：2303.04671，2023.

[41] 深圳市投资基金同业公会. 华为：盘古大模型全貌［EB/OL］.（2023－4－10）［2023－5－11］. https：//mp. weixin. qq. com/s/f9MEo995abrm1wE7vBMtQw.

[42] 清元宇宙. 阿里官宣 AI 大模型"通义千问"！阿里系产品将全线接入［EB/OL］.（2023－

4 – 11）[2023 – 4 – 27]. https：//mp. weixin. qq. com/s/F7j79gNLKyAaZ0WPMNy1wQ.

[43] HW 管理真经. 一文看懂华为盘古 AI 大模型，中美 AI 大模型对比[EB/OL]. （2023 – 3 – 30）[2023 – 4 – 27]. https：//mp. weixin. qq. com/s/F7j79gNLKyAaZ0WPMNy1wQ.

[44] YANG Y, JIAO L, LIU X, et al. Transformers meet visual learning understanding：a comprehensive review[J]. arXiv preprint arXiv：2203. 12944，2022.

[45] DOSOVITSKIY A, BEYER L, KOLESNIKOV A, et al. An image is worth 16×16 words：transformers for image recognition at scale[J]. arXiv preprint arXiv：2013. 11929，2020.

[46] DAHOUDA M K, JOE I. A deep-learned embedding technique for categorical features encoding[J]. IEEE access, 2021, 9：114381 – 114391.

[47] BRAŞOVEANU A M P, ANDONIE R. Visualizing transformers fornlp：a brief survey [C]//2020 24th International Conference Information Visualisation (IV). IEEE, 2020：270 – 279.

[48] WENG L. Prompt Engineering [EB/OL]. （2023 – 03 – 15）[2023 – 04 – 27]. https：// lilianweng. github. io/posts/2023-03-15-prompt-engineering/♯tips-for-example-selection.

[49] LIU P, YUAN W, FU J, et al. Pre-train, prompt，and predict：a systematic survey of prompting methods in natural language processing[J]. ACM computing surveys, 2023, 55(9)：1 – 35.

[50] JIANG Z, XU F F, ARAKI J, et al. How can we know what language models know? [J]. Transactions of the association for computational linguistics, 2020, 8：423 – 438.

[51] PETRONI F, ROCKTÄSCHEL T, LEWIS P, et al. Language models as knowledgebases? [J]. arXiv preprint arXiv：1909. 01066, 2019.

[52] SHIN T, RAZEGHI Y, LOGAN IV R L, et al. Autoprompt：eliciting knowledge from language models with automatically generated prompts[J]. arXiv preprint arXiv：2010. 15980, 2020.

[53] GAO T, FISCH A, CHEN D. Making pre-trained language models better few-shot learners[J]. arXiv preprint arXiv：2012. 15723, 2020.

[54] DAVISON J, FELDMAN J, RUSH A M. Commonsense knowledge mining from pretrained models[C]//Proceedings of the 2019 conference on empirical methods in natural language processing and the 9th international joint conference on natural language processing (EMNLP-IJCNLP). 2019：1173 – 1178.

[55] LIX L, LIANG P. Prefix-tuning：Optimizing continuous prompts for generation [J]. arXiv preprint arXiv：2101. 00190, 2021.

参考文献

[56] ZHONG Z, FRIEDMAN D, CHEN D. Factual probing is [mask]: Learning vs. learning to recall[J]. arXiv preprint arXiv: 2104. 05240, 2021.

[57] WEI J, WANG X, SCHUURMANS D, et al. Chain of thought prompting elicits reasoning in large language models[J]. arXiv preprint arXiv: 2201. 11903, 2022.

[58] KOJIMA T, GU S S, REID M, et al. Large language models are zero-shot reasoners[J]. arXiv preprint arXiv: 2205. 11916, 2022.

[59] WANG X, WEI J, SCHUURMANS D, et al. Self-consistency improves chain of thought reasoning in language models [J]. arXiv preprint arXiv: 2203. 11171, 2022.

[60] SCHICK T, SCHÜTZE H. Exploiting cloze questions for fewshot text classification and natural language inference[J]. arXiv preprint arXiv: 2001. 07676, 2020.

[61] YIN W, HAY J, ROTH D. Benchmarking zero-shot text classification: Datasets, evaluation and entailment approach[J]. arXiv preprint arXiv: 1909. 00161, 2019.

[62] CHEN X, ZHANG N, XIE X, et al. Knowprompt: Knowledge-aware prompt-tuning with synergistic optimization for relation extraction[C]//Proceedings of the ACM Web Conference 2022. 2022: 2778 – 2788.

[63] HAMBARDZUMYAN K, KHACHATRIAN H, MAY J. Warp: Word-level adversarial reprogramming[J]. arXiv preprint arXiv: 2101. 00121, 2021.

[64] GEORGE A S, GEORGE A S H. A review ofChatGPT AI's impact on several business sectors[J]. Partners universal international innovation journal, 2023, 1 (1): 9 – 23.

[65] PATEL S B, LAM K. ChatGPT: the future of discharge summaries? [J]. The lancet digital health, 2023, 5(3): e107-e108.

[66] ALAFNAN M A, DISHARI S, JOVIC M, et al. ChatGPT as an educational tool: opportunities, challenges and recommendations for communication, business writing and composition courses [J]. Journal of artificial intelligence and technology, 2023, 3(2): 60 – 68.

[67] TAECHARUNGROJ V. "What can ChatGPT do?" Analyzing early reactions to the innovative AI chatbot on twitter[J]. Big data and cognitive computing, 2023, 7(1): 35.

[68] 焦李成. 神经网络的应用与实现[M]. 西安：西安电子科技大学出版社，1993.

[69] AYDIN Ö, KARAARSLAN E. Is ChatGPT leading generative AI? What is beyond expectations? [J]. What is beyond expectations, 2023: 1 – 23.

[70] SHAHRIAR S, HAYAWI K. Let's have a chat! A conversation withChatGPT：technology, applications and limitations［J］. arXiv preprint arXiv：2302. 13817, 2023.

[71] POWER A, BURDA Y, EDWARDS H, et al. Grokking：generalization beyond overfitting on small algorithmic datasets［J］. arXiv preprint arXiv：2201. 02177, 2022.

[72] BUBECK S, CHANDRASEKARAN V, ELDAN R, et al. Sparks of artificial general intelligence：early experiments with gpt-4［J］. arXiv preprint arXiv：2303. 12712, 2023.

[73] ELOUNDOU T, MANNING S, MISHKIN P, et al. Gpts are gpts：an early look at the labor market impact potential of large language models［J］. arXiv preprint arXiv：2303. 10130, 2023.

[74] WU S, IRSOY O, LU S, et al. BloombergGPT：a large language model for finance ［J］. arXiv preprint arXiv：2303. 17564, 2023.

[75] LIANG P, BOMMASANI R, LEE T, et al. Holistic evaluation of language models ［J］. arXiv preprint arXiv：2211. 09110, 2022.

[76] KAPLAN J, MCCANDLISH S, HENIGHAN T, et al. Scaling laws for neural language models［J］. arXiv preprint arXiv：2001. 08361, 2020.

[77] 焦李成，公茂果，王爽，等. 自然计算、机器学习与图像理解前沿［M］. 西安：西安电子科技大学出版社，2008.

[78] ZHOU Y, MURESANU A I, HAN Z, et al. Large language models are human-level prompt engineers［J］. arXiv preprint arXiv：2211. 01910, 2022.

[79] ZELLERS R, HOLTZMAN A, BISK Y, et al. HellaSwag：can a machine really finish your sentence? ［J］. arXiv preprint arXiv：1905. 07830, 2019.

[80] BAROCAS S, HARDT M, NARAYANANA. Fairness in machine learning. Nips tutorial［J］, 2017, 1：1 - 294.

[81] LUND B D, WANG T. Chatting about ChatGPT：how may AI and GPT impact academia and libraries? ［J］. Library hi tech news, 2023, 40(3)：26 - 29.

[82] RUDOLPH J, TAN S, TAN S. ChatGPT：bullshit spewer or the end of traditional assessments in higher education? ［J］. Journal of applied learning and teaching, 2023, 6(1)：1 - 22.

[83] BAIDOO-ANU D, OWUSU ANSAH L. Education in the era of generative artificial intelligence（AI）：understanding the potential benefits of ChatGPT in promoting teaching and learning［J］. Social science research network, 2023：1 - 22.

参考文献

209

[84] THORP H H. ChatGPT is fun, but not an author [J]. Science, 2023, 379 (6630): 313.

[85] KITAMURA F C. ChatGPT is shaping the future of medical writing but still requires human judgment[J]. Radiology, 2023, 307(2): e230171.

[86] 中共中央办公厅国务院办公厅. 关于促进劳动力和人才社会性流动体制机制改革的意见 [J]. 中国人才, 2020(2): 1.

[87] 中共中央办公厅国务院办公厅. 关于促进劳动力和人才社会性流动体制机制改革的意见[J]. 中国人力资源社会保障, 2020(01): 6.

[88] 中华人民共和国中央人民政府. 科技部等六部门关于印发《关于加快场景创新以人工智能高水平应用促进经济高质量发展的指导意见》的通知[EB/OL]. (2022 - 07 - 29)[2023 - 05 - 17]. http://www. gov. cn/zhengce/zhengceku/2022-08/12/content _5705154. html.

[89] 人民日报. 人工智能促进教育变革创新[EB/OL]. (2022 - 12 - 22)[2023 - 05 - 17]. http://www. moe. gov. cn/jyb_xwfb/s5148/202212/t20221222_1035689. html.

[90] 中国教育报. 陕西高校聚焦规范管理、聚焦教学创新、聚焦一流建设:"三个聚焦"做强本科教育[EB/OL]. (2021 - 04 - 02) [2023 - 05 - 17]. http://www. moe. gov. cn/jyb_xwfb/s5147/202104/t20210402_524196. html.

[91] 中华人民共和国教育部. 深入推进"新工科"建设[EB/OL]. (2019 - 10 - 31) [2023 - 05 - 17]. http://www. moe. gov. cn/jyb _ xwfb/xw _ fbh/moe _ 2606/2019/ tqh20191031/sfcl/201910/t20191031_406260. html.

[92] 中华人民共和国工业和信息化部. 国家人工智能创新应用先导区"智赋百景"公示 [EB/OL]. (2022 - 10 - 10) [2023 - 05 - 17]. https://www. miit. gov. cn/jgsj/kjs/ jscx/gjsfz/art/2022/art_07ec8246e00a48819662ef3bb0f87bfa. html.

[93] 中华人民共和国中央人民政府. 中共中央办公厅 国务院办公厅印发《关于加强科技伦理治理的意见》[EB/OL]. (2022 - 03 - 20) [2023 - 05 - 17]. http://www. gov. cn/zhengce/2022-03/20/content_5680105. html.

[94] HO J, JAIN A, ABBEEL P. Denoising diffusion probabilistic models[J]. Advances in neural information processing systems, 2020, 33: 6840 - 6851.

[95] HE K, ZHANG X, REN S, et al. Deep residual learning for image recognition [C]//Proceedings of the IEEE conference on Computer Vision and Pattern Recognition. 2016: 770 - 778.

[96] RONNEBERGER O, FISCHER P, BROX T. U-net: Convolutional networks for biomedical image segmentation [C]//Medical Image Computing and Computer-Assisted Intervention—MICCAI 2015: 18th International Conference, Munich,

Germany, October 5 – 9, 2015, Proceedings, Part III 18. Springer International Publishing, 2015: 234 – 241.

[97] NICHOL A Q, DHARIWAL P. Improved denoising diffusion probabilistic models [C]//International Conference on Machine Learning. PMLR, 2021: 8162 – 8171.

[98] DHARIWAL P, NICHOL A. Diffusion models beatgans on image synthesis[J]. Advances in neural information processing systems, 2021, 34: 8780 – 8794.

[99] BROCK A, DONAHUE J, SIMONYAN K. Large scale GAN training for high fidelity natural image synthesis[J]. arXiv preprint arXiv: 1809. 11096, 2018.

[100] NICHOL A, DHARIWAL P, RAMESH A, et al. Glide: towards photorealistic image generation and editing with text-guided diffusion models[J]. arXiv preprint arXiv: 2112. 10741, 2021.

[101] RADFORD A, KIM J W, HALLACY C, et al. Learning transferable visual models from natural language supervision [C]//International Conference on Machine Learning. PMLR, 2021: 8748 – 8763.

[102] RAMESH A, DHARIWAL P, NICHOL A, et al. Hierarchical text-conditional image generation with clip latents[J]. arXiv preprint arXiv: 2204. 06125, 2022.

[103] ROMBACH R, BLATTMANN A, LORENZ D, et al. High-resolution image synthesis with latent diffusion models [C]//Proceedings of the IEEE/CVF Conference on Computer Vision and Pattern Recognition. 2022: 10684 – 10695.

[104] WIKIPEDIA. Reinforcement learning[EB/OL]. (2023 – 4 – 21)[2023 – 4 – 27]. https://en. wikipedia. org/wiki/Reinforcement_learning.

[105] OPENAI. Kinds of RL Algorithms[EB/OL]. (2018)[2023 – 4 – 27]. https:// spinning. openai. com/en/latest/spinningup/rl_intro2. html.

[106] SCHULMAN J, LEVINE S, ABBEEL P, et al. Trust region policy optimization [C]//International conference on machine learning. PMLR, 2015: 1889 – 1897.

[107] KAKADE S, LANGFORD J. Approximately optimal approximate reinforcement learning[C]//Proceedings of the Nineteenth International Conference on Machine Learning. 2002: 267 – 274.

[108] LI W, LUO H, LIN Z, et al. A survey on transformers in reinforcement learning [J]. arXiv preprint arXiv: 2301. 03044, 2023.

[109] BENGIO Y, DUCHARME R, VINCENT P. A neural probabilistic language model[J]. Advances in neural information processing systems, 2000, 13.

[110] SUTSKEVER I, VINYALS O, LE Q V. Sequence to sequence learning with neural networks[J]. Advances in neural information processing systems, 2014,

参考文献

211

27：1 - 9.

[111] HOCHREITER S，SCHMIDHUBER J．Long short-term memory[J]．Neural computation，1997，9(8)：1735 - 1780.

[112] CHO K，VANMERRIËNBOER B，GULCEHRE C，et al．Learning phrase representations using RNN encoder-decoder for statistical machine translation [C]// Proceedings of the 2014 Conference on Empirical Methods in Natural Language Processing．2014：1724 - 1734.

[113] MIKOLOV T，CHEN K，CORRADO G，et al．Efficient estimation of word representations in vector space[J]．arXiv preprint arXiv：1301. 3781，2013.

[114] JOHNSON R，ZHANG T．Deep pyramid convolutional neural networks for text categorization[C]//Proceedings of the 55th Annual Meeting of the Association for Computational Linguistics．2017：562 - 570.

[115] JORDAN M I，MITCHELL T M．Machine learning：trends，perspectives and prospects[J]．Science，2015，349(6245)：255 - 260.

[116] GOODFELLOW I，BENGIO Y，COURVILLE A．Deep learning [M]．Massachuese tts：MIT press，2016.

[117] BISHOP C M，NASRABADI N M．Pattern recognition and machine learning[M]．New York：springer，2006.

[118] HASTIE T，TIBSHIRANI R，FRIEDMAN J H，et al．The elements of statistical learning：data mining，inference and prediction[M]．New York：springer，2009.

[119] RASMUS A，BERGLUND M，HONKALA M，et al．Semi-supervised learning with ladder networks[J]．Advances in neural information processing systems，2015，28：1 - 9.

[120] ZHANG Y，YANG Q．An overview of multi-task learning[J]．National science review，2018，5(1)：30 - 43.

[121] ZHANG Y，SUN S，GALLEY M，et al．Dialogpt：Large-scale generative pre-training for conversational response generation[J]．arXiv preprint arXiv：1911. 00536，2019.

[122] 沈定刚. 医疗 AI 创新引领者[EB/OL]．(2023 - 04 - 07)[2023 - 04 - 27]．https：// mp. weixin. qq. com/s/6KVDDW6LTMLi2V-EJwiAjA.

[123] ARORA S，LIANG Y，MA T．A simple but tough-to-beat baseline for sentence embeddings[C]//International Conference on Learning Representations．2017：1 - 16.

[124] SNELL J，SWERSKY K，ZEMEL R．Prototypical networks for few-shot learning

[J]. Advances in neural information processing systems，2015，28：1－9.

[125] JIAO L，HUANG Z，LIU X，et al. Brain-inspired remote sensing interpretation：a comprehensive survey[J]. IEEE journal of selected topics in applied earth observations and remote sensing，2023，16：2992－3033.

[126] 焦李成，尚荣华，马文萍，等. 多目标优化免疫算法、理论和应用[M]. 北京：科学出版社，2010.

[127] 焦李成，杜海峰，刘芳，等，免疫优化计算、学习与识别 M1. 北京：科学出版社，2006.

[128] 焦李成. 自然计算、机器学习与图像理解前沿[M]. 西安：西安电子科技大学出版社，2008.

[129] ROY A，GOVIL S，MIRANDA R. A neural-network learning theory and a polynomial time RBF algorithm[J]. IEEE transactions on neural networks，1997，8(6)：1301－1313.

[130] CARUANA R. Multitask learning[J]. Machine learning，1997，28：41－75.

[131] COLLOBERT R，WESTON J. A unified architecture for natural language processing：Deep neural networks withmultitask learning[C]//Proceedings of the 25th International Conference on Machine Learning. 2008：160－167.

[132] YANG Z，DAI Z，YANG Y，et al. Xlnet：Generalized autoregressive pretraining for language understanding [J]. Advances in neural information processing systems，2019，32：1－11.

[133] ZHUANG F，QI Z，DUAN K，et al. A comprehensive survey on transfer learning [J]. Proceedings of the IEEE，2020，109(1)：43－76.

参考文献

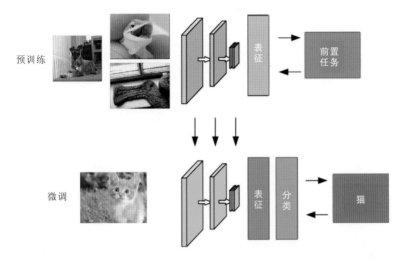

图 4.4 自监督训练与下游微调的流程

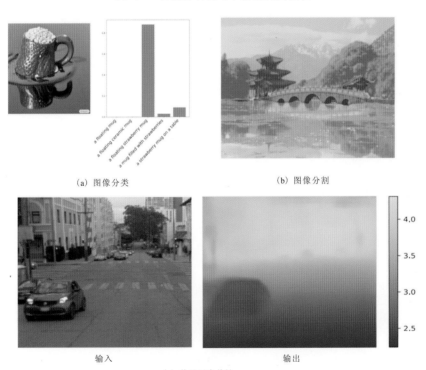

(a) 图像分类

(b) 图像分割

输入

输出

(c) 单目深度估计

图 5.1 ViT-22B 可实现的任务

(a) 关键点交互分割

(b) 自动分割

(c) 不明确分割

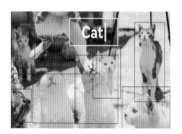

(d) 文本交互分割

图 5.5　SAM 的交互分割示例

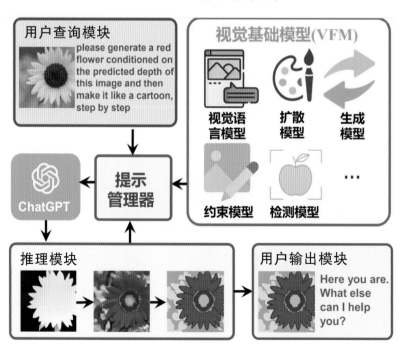

图 5.13　Visual ChatGPT 的系统架构

图 5.23 可见光地物分类结果图

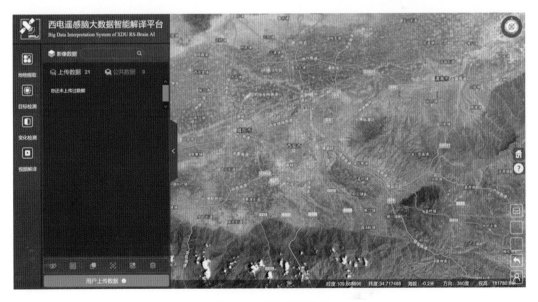

图 5.24 平台操作首页

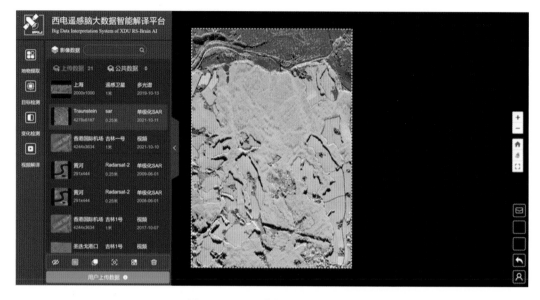

图 5.25 SAR 数据地物提取结果

图 6.2 线性加噪计划(上)与余弦加噪计划(下)的对比

图 6.3 不同强度的分类器引导的扩散模型在生成"柯基犬"图像时的效果对比

(a) 一只在使用计算器的刺猬

(b) 一只打着红色领结、戴着紫色派对帽的柯基犬

(c) 一幅梵高《星空》风格的狐狸画像

(d) 一幅太空电梯的蜡笔画

(e) 一面熊猫吃竹子的彩色玻璃窗

(f) 一幅秋天的风景照：湖边有一间小别墅

图 6.4　GLIDE 在文本引导下生成的图像

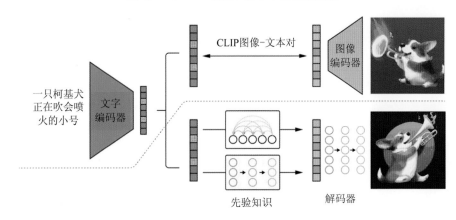

图 6.5　DALL·E 2 的流程图

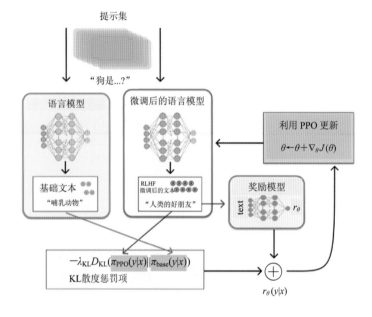

图 8.9　用强化学习微调

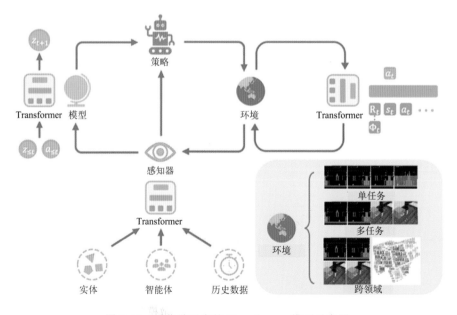

图 8.10　强化学习中的 Transformer 模型示意图

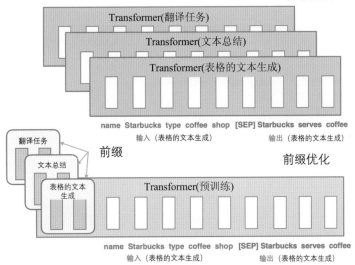

图 9.2 前缀优化的流程图

图 11.19 ChatGPT 生成提示来引导扩散模型生成图像

制造业　　　　农业　　　　建筑　　　　能源　　　　商贸物流

医疗健康　　　养老服务　　　教育　　　商业社区服务　安全应急和极限环境应用

图 15.1　十大经济发展领域

智慧农场　　　智能港口　　　智能矿山　　　智能工厂　　　智慧家居

智能教育　　　自动驾驶　　　智能诊疗　　　智慧法院　　　智能供应链

图 15.2　10 个示范应用场景

   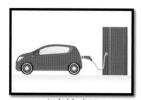

5G建设　　　　特高压　　　　轨道交通　　　充电桩建设

大数据中心　　　人工智能　　　工业互联网

图 15.3　新基建涉及的七大领域